I/O BOOKS

「Windows11」の「メリット」「デメリット」と「各種機能」

Windows11
アップグレードガイド

はじめに

　Microsoft社は、2021年10月5日に新OS、「Windows11」の提供を開始しました。

　その後、提供が開始されるまで、話題が尽きなかった「Windows11」ですが、中でも注目されたのは「アップグレード条件の厳しさ」でしょう。

　発表当時、「これがクリアできる現行PCはほとんどないのではないか」とまで言われた要件の厳しさは、（後々緩和されたとはいえ）Windowsユーザーにとって大きな衝撃でした。

　「Mac」を連想させる「スタートメニュー」のデザインや「タスクバー」のアイコンの配置など、大きく刷新されたUIも、多くのユーザーに期待と不安を抱かせたことでしょう。
　そのせいか、提供が始まった今でもWindows11にアップグレードするか否か迷っているユーザーは多数存在します。

　本書は、そのような人々のための書籍です。

＊

　本書は「Windows11」の特徴や、アップグレードの「メリット」と「デメリット」、アップグレードとダウングレードの方法、基本的な操作方法や話題になったAndroidアプリのエミュレート機能について、ネット上のブログの記事から抜き出してまとめたものです。

　どの記事も実際にWindows11を体験したパワーユーザーの実感に基づいたものであり、「Windows11」を導入するか迷っている一般のユーザーには大いに参考になるでしょう。

I/O編集部

Windows11
アップグレードガイド

CONTENTS

はじめに……………………………………………………………………………………3

第1章	「Windows11」の特徴とシステム要件

[1-1] 「Windows11」の特徴を整理する………………………………………… 7
[1-2] 「TPM2.0」とは………………………………………………………… 15

第2章	「アップグレード」の「メリット」と「デメリット」

[2-1] 「Windows11」の「メリット」「デメリット」………………………… 23
[2-2] 「Windows11」の不満を解決してくれる「無料アプリ」……………… 35

第3章	「Windows11」の「アップグレード」「ダウングレード」

[3-1] 「Windows11」に「無償アップグレード」する方法………………… 49
[3-2] 「Windows10」にダウングレードする方法………………………… 55

第4章	「Windows Subsystem for Android」の使い方

[4-1] 「WSA」を手動でインストールする方法……………………………… 61
[4-2] 「WSA」にAPKをインストールする………………………………… 69
[4-3] 「WSA」に「GooglePlay」を導入する方法………………………… 75

第5章	「Windows11」の操作方法

[5-1] 「Windows11」の基本的な使い方…………………………………… 92
[5-2] 「ウィジェット機能」の活用方法……………………………………… 102
[5-3] 「デスクトップ」に「ショートカット」を作る………………………… 108
[5-4] 「Windows11」で「IEモード」を使う方法………………………… 112
[5-5] 「タスクバー」に並ぶアイコンを「左寄せ」にする…………………… 118
[5-6] 「ディスプレイ(画面)の明るさ」を適正に調整する………………… 123

索引……………………………………………………………………………………126

第1章

「Windows11」の特徴とシステム要件

話題の最新OS「Windows11」とは、いったいどのようなOSなのでしょうか。

第1章では「Windows11」について、「機能」や「システム要件」といった面から見ていきます。

1-1　　「Windows11」の特徴を整理する

2021年10月5日から提供されている「Windows11」(ウィンドウズ・イレブン)ですが、「Windows10」との違いがよく分からないという方や、早々に「Windows11」にアップグレードしたほうがいいのか、迷っているという方もいるでしょう。

そこでここでは、「Windows11」の「動作要件」や「アップグレード方法」「特徴的な機能」についてまとめてみました。

*

「Windows10」からのアップグレードを検討している方は、参考にしていただければ幸いです。

筆 者	ぱるむ
サイト名	4thsight.xyz
URL	https://4thsight.xyz/
記事名	「Windows11の特徴を整理して、今アップグレードするべきかを判断する」

■「Windows11」の「システム要件」

「Windows11」の「システム要件」は、次のとおりです。

「Windows10」と異なる特徴的な要件として、比較的新しい、「CPU」「UEFI」「セキュアブート」「TPM2.0」といった要件が加わっています。

「Windows11」のシステム要件

項　目	要　件
CPU	「1GHz以上」「2コア以上」の「64ビット互換プロセッサ」、または「System on a Chip」(SoC)
メモリ	4GB以上
ストレージ	64GB以上
システム・ファームウェア	UEFI、セキュア ブート対応
TPM	TPM2.0

項 目	要 件
グラフィックス・カード	「DirectX12互換」のグラフィックス「WDDM 2.x」
ディスプレイ	9インチ以上、HD解像度(720p)
インターネット	「Windows11 HomeEdition」のセットアップには、Microsoft の「アカウント」と「インターネット接続」が必要です

対応CPUの詳細については、以下の「公式サイト」の記述が参考になるでしょう。

Windows プロセッサ要件-Windows11でサポートされているIntel プロセッサ|Microsoft Docs
https://docs.microsoft.com/ja-jp/windows-hardware/design/minimum/supported/windows-11-supported-intel-processors

Windows プロセッサ要件-Windows11でサポートされているAMD プロセッサ|MicrosoftDocs
https://docs.microsoft.com/ja-jp/windows-hardware/design/minimum/supported/windows-11-supported-amd-processors

●システム要件のチェック方法

自分のパソコンが「Windows11」のシステム要件を満たしているかについては、「Windows10」なら「Windows Update」の画面で確認できます。

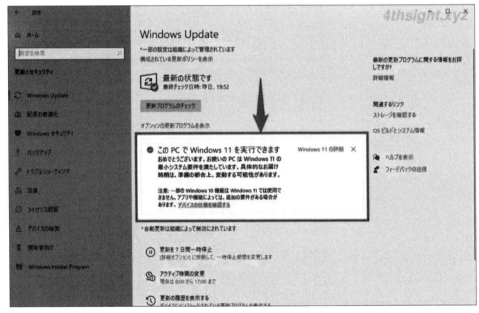

「Windows Update」の画面から「システム要件」のチェックができる

また、システム要件を満たしていない場合に、具体的にどの要件を満たしていないかを確認したいときには、「PC正常性チェックアプリ」を利用することで確認できます。

PC正常性チェックアプリ

「PC正常性チェックアプリ」は、以下のMicrosoftのWebページからダウンロードできます。

新しいWindows11OSへのアップグレード|Microsoft
https://www.microsoft.com/ja-jp/windows/windows-11

●システム要件の回避

なお、事前に「レジストリ設定」を行なうことで、CPUや「TPM2.0」といった一部のシステム要件を満たしていないパソコンでも、「Windows11」にアップグレードできます。

ただし、「Microsoft」ではシステム要件を回避して「Windows11」にアップグレードすることを推奨しておらず、「非対応マシン」に「Windows11」をインストールした場合は、今後「Windows Update」を利用できなくなる可能性もあるようです。

ですから、開発や検証目的などで、一時的に「Windows11」を利用したいといった場合を除いては、システム要件を満たしたマシンを利用したほうがよさそうです。

■「Windows10」からのアップグレード

「Windows10」からは、次の3通りの方法で「Windows11」に無料アップグレードできます。

・「Windows Update」からアップグレード
・インストールアシスタントを使ってアップグレード
・インストールメディアを使ってアップグレード

「Windows Update」からのアップグレードは順次展開されているようなので、急がないのであれば、「Windows Update」からアップグレードできるようになるまで待つのがいいでしょう。

*

すぐに「Windows11」にアップグレードしたい方や、「Windows11」を新規インストールしたい方は、Microsoftの公式サイトから「インストールアシスタント」や「メディア作成ツール」をダウンロードして、アップグレードできます。

■「Windows10」からの変更点

ここでは、「Windows10」からの変更点のうち、個人向けの機能として主なものを紹介します。

●デザインの刷新

「Windows11」は、内部的には「Windows10」とほとんど同じですが、デザインが刷新されており、これが最も大きな変更点だと言われています。

下の画像は、「Windows11」の「スタート画面」とエクスプローラ画面ですが、ウィンドウの角が丸くなり、システムアイコンもカラフルになっていて、「Windows10」とはずいぶん印象が異なります。

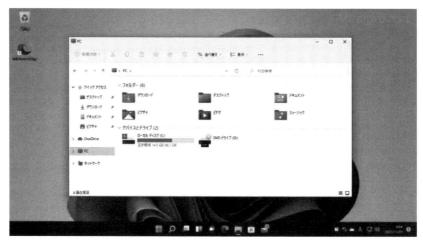

「Windows11」のスタート画面(上)と、エクスプローラ画面(下)

●「タスクバー」が中央揃え

これまでのWindowsは、デスクトップ画面の左下に「スタートボタン」が配置され、「タスクバー」の「アイコン」は、左揃えで表示されているのが一般的でした。

しかし、「Windows11」では、中央揃えで表示されるようになっています。

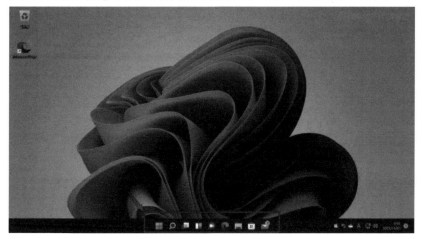

「タスクバー」が「中央揃え」になった

なお、設定で従来の「左揃え」に変更することもできます。

■Windowsの「設定」

「Windows11」の「設定」画面は、「2ペイン表示」で左側に「カテゴリー名」が表示されるようになっており、Windows10の「設定」画面と比べて一覧性が高く、操作しやすくなっています。

「2ペイン表示」になった「設定」画面

●シンプルな「タスクビュー」

「Windows11」の「タスクビュー」では、Windows10の「タイムライン」が廃止され、「アプリの一覧」と「仮想デスクトップの管理」のみができるようになっています。

「タイムライン」が廃止された「タスクビュー」

●「仮想デスクトップ」の強化

作業に応じてデスクトップを切り替えることができる「仮想デスクトップ」機能では、デスクトップごとに壁紙を変更できるようになりました。

壁紙が「仮想デスクトップ」ごとに変えられるようになった

●「スナップ機能」の強化

Windows10のときは使いづらさを感じることがあった、ウィンドウをリサイズして整列する「スナップ機能」が強化されました。

これは、ウィンドウの「最大化」ボタンからも利用できるようになっており、「整列方法」も画面の解像度に合わせていろいろなパターンを選択できるようになっています。

・上下に2分割、左右に2分割
・片方大きめの2分割
・3分割
・4分割
・縦に3分割

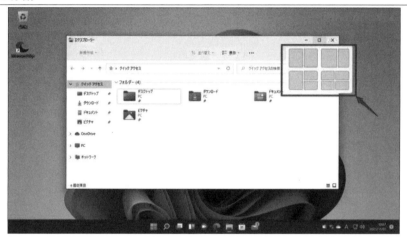

さまざまな分割法が選べるようになった、「スナップ機能」

●「Microsoft Teams」が統合

Microsoftが提供している「コラボレーションツール」である「Microsoft Teams」が、「タスクバー」に組み込まれており、デスクトップから簡単に利用できるようになっています。

「Microsoft Teams」が統合

●「Androidアプリ」の実行

「Windows11」の目玉機能と言われているのが、「Windows11」上で「Androidアプリ」が実行できる機能です。

2021年11月1日の時点では、最初のプレビュー版が米国のユーザー向けに提供されている段階であるため、利用できるようになるまでにはもう少し時間がかかりそうです。

実装されればMicrosoft Store経由で「Androidアプリ」をダウンロードして利用可能になるようです（下記のWindows公式ブログ参照）。

Introducing Android™ Apps on Windows 11 to Windows Insiders | Windows Insider Blog
https://blogs.windows.com/windows-insider/2021/10/20/introducing-android-apps-on-windows-11-to-windows-insiders/

●廃止された機能

Windows11では、Windows10で搭載されていた機能の一部が廃止、削除されています。

機能の廃止と削除 | Windows 11 の仕様とシステム要件 | Microsoft
https://www.microsoft.com/ja-jp/windows/windows-11-specifications#table3

詳しくは上記の「公式ページ」を参照していただくとして、主だったところは、次のとおりです。

・「32bit版」のサポートを廃止
・「Internet Explorer」(IE)は未搭載
・「数式入力パネル」の削除
・スタートメニューの「ライブタイル」が廃止
・「Cortana」がシステム起動時に起動されなくなる
・「タイムライン」の廃止

*

「Windows11」は、Windows10と比べると、デザインの刷新による操作感の違いがあるものの、目新しい機能はなく（または未実装）、また、登場して間もないこともあって、動作に問題が出るケースも報告されていします。

そのため、安定性を求めるなら、アップグレードはいましばらく待ったほうがいいでしょう（2021年11月時点）。

なお、Windows10のサポート終了日は**2025年10月14日**です。

1-2 「TPM2.0」とは

「TPM2.0」とは、Windowsに標準搭載されているセキュリティ関連の機能を備えた「デバイス・チップ」のことです。

Microsoftは、過去、2016年7月28日以降に出荷した「Windows10」に対して、「TPM2.0」の実装を必須にするような告知をしています。

そして、2021年、新OS「Windows11」では、「Windows10」からのアップデートの要件に「TPM2.0の実装」が含まれることになりました。

*

この節では、「TPM2.0」の簡単な説明と、使っているWindows10のパソコンに「TPM2.0」が実装されているか確認する方法を、画像付きで説明します。

筆 者	当真 毅
サイト名	Windows情報とトラブル解決
URL	https://webs-studio.jp/
記事名	「TPM2.0とは？アップグレードに向けたWindows10の確認方法」

■「TPM2.0」とは？簡単解説

●Trusted Platform Module

「TPM」は、「Trusted Platform Module」の略で、最新のバージョンは執筆時点で、「2.0」です。

スマホのOS（iOSやAndroid）が、バージョンアップされればされるほど「セキュリティレベル」も高まることは、感覚的に理解されていると思いますが、「TPM」も同様で、以前のバージョンよりも最新の「2.0」のほうが、「セキュリティレベル」が高いと理解してください。

●Win11アップグレードの要件、「TPM2.0」

繰り返しになりますが、「Windows10」から「Windows11」にアップグレードする際には、そのパソコンが「TPM2.0」を実装していることが要件の一つです。

*

前述の通り、「TPM2.0」はパソコンのセキュリティ性を高めるためのレベルで、パソコン内のデータを守るためにMicrosoftが必要だと告知している、「セキュリティ基準」です。

> [TPM2.0]
> パソコン内のデータを暗号化すると同時に、「暗号化」されたデータを取り出すための「暗号キー」を安全に管理する機能を有しています。
> 「暗号化」とは、Windowsパソコン以外でも使われる、データを安全に保管する技術の概念ですが、「TPM2.0」では、「より安全になった」と理解しておきましょう。

　「TPM2.0」が有効化されたパソコンでは別途、「BitLocker」という機能を有効化することによって、万が一、パソコン本体が盗難にあっても安易にデータを複製(コピー)できなくなります。

＊

　ただし、たとえば「パソコンが故障した場合」などで、「ハードディスク内のデータだけ復元したい」となった場合でも、「BitLocker」の解除キー(パスワード)を覚えていないと、復元ができなくなってしまいます。
　もちろん、そのパソコンの所有者であっても、です。

＊

　「BitLocker」の「有効/無効」は、パソコンで任意に設定できますが、「盗難を想定して有効にすることにもリスクがある」というわけです。

■Windows10で「TPM2.0」の実装を確認する方法

手　順　「TPM2.0」の確認方法

[1] 左下の「スタートアイコン」をクリック

「スタートアイコン」をクリック

[2] 「デバイスマネージャー」をクリック

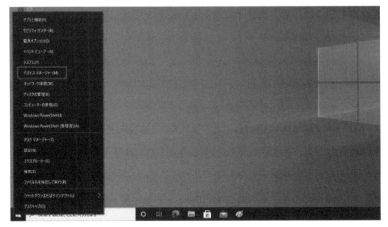

「デバイスマネージャー」をクリック

[3] 「セキュリティデバイス」をクリック

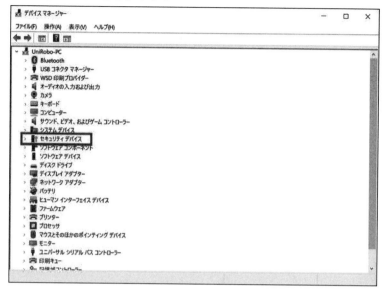

「セキュリティデバイス」をクリック

「セキュリティデバイス」をクリックすると、「TPM」(Trusted Platform Module)のバージョンが確認できます。

「Windows11」へのアップグレードの要件は「TPM2.0」なので、「2.0」であればOKで、それ未満であればNGです。

それぞれの画面イメージを掲載します。

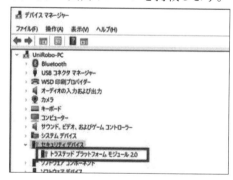
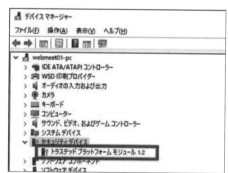

「2.0」であればOK、「1.2」であればNG

●「TPM」の有効化

パソコンが「TPM2.0」に対応していても、「TPM」の機能そのものが無効になっていれば、「Windows11」へのアップグレードはできません。

標準設定では有効になっているので、意図せず無効になっているとは非常に考えにくいのですが、有効にする方法も簡単に説明しておきます。

なお、「TPM機能」の「有効化/無効化」はパソコンの「BIOS設定」から行なう必要があります。
「BIOS」は、重要な設定項目なので、安易に設定を変更しないように、注意が必要です。

また、「BIOS画面」の表示は各パソコンメーカーで異なるので、ご自身のパソコンに合った情報を検索することをお勧めしますが、ここでは例として「dynabook」での操作方法を紹介します。

*

「BIOS画面の起動方法」には、パソコンの起動前に特定のキーボードを連打する方法もありますが、この記事では設定項目から起動する方法で説明します。

手 順 BIOS画面の起動

[1] 左下の「スタートアイコン」をクリックする。

「スタートアイコン」をクリック

[2] 「設定」のアイコンをクリックする。

「設定」のアイコンをクリック

[3] 「更新とセキュリティ」をクリックする。

「更新とセキュリティ」をクリック

[4] 「回復」をクリックする。

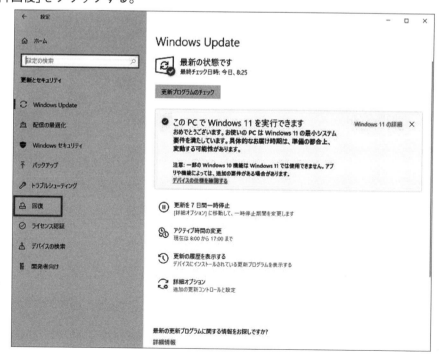

「回復」をクリック

[5]「今すぐ再起動」をクリックする。

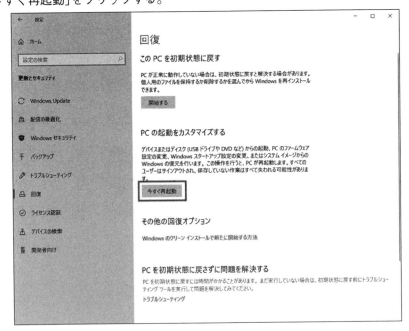

「今すぐ再起動」をクリック

〜以下は再起動後の画面です〜

[6]「トラブルシューティング」をクリック。

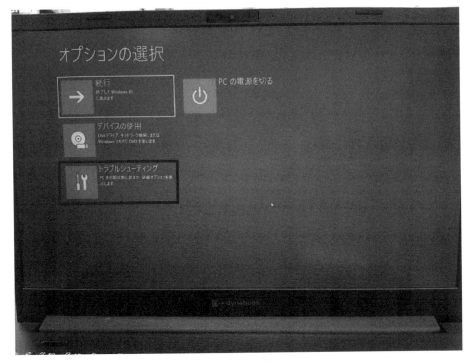

「トラブルシューティング」をクリック

[7]「Maintenance Utility」をクリック。

「Maintenance Utility」をクリック

[8]「UEFIファームウェア」の設定をクリック。

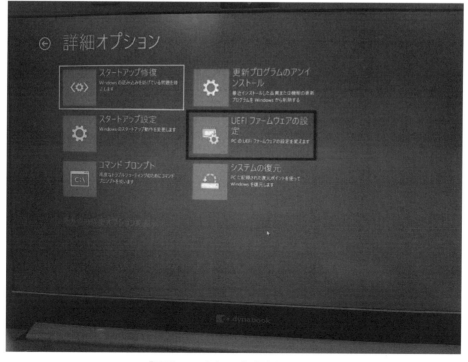

「UEFIファームウェア」の設定をクリック

[9] 再起動をクリック。

再起動をクリック

[10] BIOS画面が表示される。

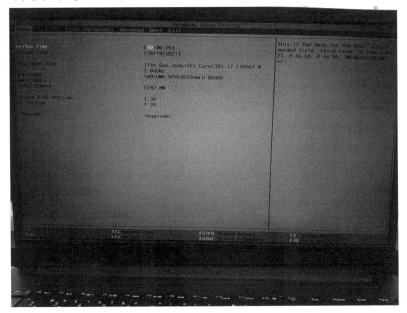

BIOS画面が表示される

BIOS画面では、マウスは効きません。

キーボードで操作する必要があります。

また、「TPM」の設定項目の場所は、メーカーごとに異なります。

第2章

「アップグレード」の「メリット」と「デメリット」

「Windows11」に「アップグレード」することで、どのような「メリット」や「デメリット」が発生するのでしょうか。

第2章では、その点を確認するとともに、「デメリット」を打ち消す方法を紹介しています。

2-1 「Windows11」の「メリット」「デメリット」

個人的に「Windows11」を導入する前に知りたかった機能など読者の方に、「こういうことが知りたかったんだよ」と思ってもらえる実体験を、簡単にまとめています。

*

「Windows11」を導入すべきかどうかを悩んだり迷ったりしている方に向けて、

・「Windows11」で何が変わったのか(多くの方にいちばん影響してくる機能を解説)
・今すぐに無理にでも導入する必要性はあるのか(それだけの価値は本当にあるのか)
・もう少し様子を見てから導入したほうがいいのか(「Windows10」のサポート終了日まで)

などを、誰でも理解できるように1つ1つ分かりやすく簡単に解説しています。

筆　者	これだけ知っておけばOK!運営者
サイト名	これだけ知っておけばOK!
URL	https://www.broadcreation.com/blog/news/86194.html
記事名	「Windows11の感想 メリット&デメリットの簡単まとめ(結局Win10からアップする必要はあるの?)」

■「Windows11」の「メリット」(5つの良い点)

現在、「Windows10」を利用している方なら、**誰でも簡単に無料で「Windows11に無償アップグレードして利用できる」**という点が最大のメリットだと思います。

誰でも"**無料で簡単に利用できる**"というのが最大のポイントです。

つまりは、今からでも「Windows10搭載パソコン」を購入すれば、もれなく「Windows11」も一緒に無料でついてきて利用できる、ということなのです。

多くの方は、パソコンを購入した際に標準で搭載されている「Windows10/11」を、当たり前のように利用しています。

実は、この「Windows10/11」(OS)を単体で購入すると、最低でも「1万8,000円以上」

はしてしまいます(「Windows95」当時から目玉が飛び出してしまうほどの価格でした)。

これだけでも"大変お得感がある恩恵を受けている"ということを知っておくのも大切です。

＊

個人的には少しでも"お得感"が感じられる重要な部分ではあるのですが、多くの方にとっては、そんなことはどうでもいいことかもしれないですね。

＊

前置きが長くなってしまい大変恐縮ですが、一般的に多くの方に影響してくるであろう「メリット」としては、以下が挙げられます。

---

(1) 「起動時間」と「終了時間」が「Windows10」と比べても明らかに速くなった

これは誰でもすぐに気づくレベルですね。

電源を入れた直後の「起動時間」と「終了時間」が速くなっています。

---

(2) Webブラウザ(Edge/Chrome)の動作が、体感できるくらい劇的に速くなった。

「Windows11」からは、今まで動作が遅かった「Internet Explorer」も廃止されています。

それに伴い、「Microsoft Edge」に置き代わっています。

これは「Google Chrome」ベースで、だいぶ軽く使いやすくなっているので、多くの方が体感できると思います。

もちろん、「Windows10」で「Edge」や「Chrome」を使っていた方も、さらに軽くなっていることを確認できます。

＊

他に、「Webブラウザ」に限らず、動作が軽くなったのが最大のポイントです。

他のアプリケーション(古いアプリ含む)の動作が、全体的に一通り速くなっていることを体感として確認できています。

今のところ、「Windows10」で動いていた古いアプリはすべて動作も確認していることも確認ずみです。

"当方基準"になってしまい、大変恐縮ですが、動かないアプリはなかったです。

＊

それと「Microsoft Office2013」は「Windows11」では「サポート非対応」となるので、要注意です(「Windows10」でもサポートは2023年4月11日まで)。

しかしながら、サポートは受けれないものの、"使えないという意味ではない"ので、ご安心ください。

（3）　Windows警告音が、心臓に悪い音から穏やかな優しい音になった

　スピーカーの音量設定を誤って大きくしてしまったときなどに流れると、トラウマになりがちなWindowsからの警告音が、不愉快に感じない音になりました。

（4）　全体的にシンプルになった(見た目を一新して、「丸く」&「スタート項目がすっきり」)

　すべての角が丸っこくなりました。
　これにより「可愛らしさ」と「親しみやすさ」が増しました。

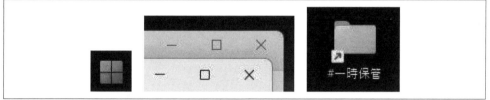

アイコンや画面の角が丸くなった

　各アプリの右についている「スクロール・バー」(現在地を表わす部分)も、一部のアプリでは細くデザインされています。

「スクロール・バー」も細くなった

　さらに「スタートメニュー」内には、余計なものが一切なくなりました。

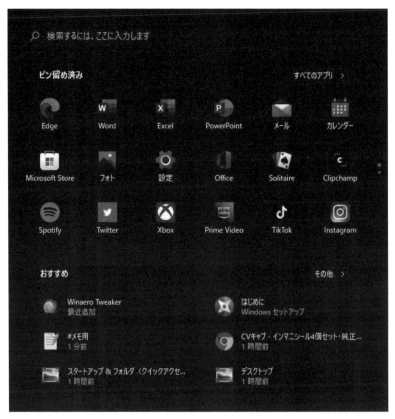

シンプルになった「スタートメニュー」

　ご覧の通り、

・**ピン留め済み**（アプリ一覧）
・**おすすめ**（アプリ＆ファイル）

の2点しか表示されなくなりましたね。
　とてもシンプルです。

＊

　右上の「**すべてのアプリ ＞**」をクリックすると、「Windows10」のときにあった「名前順
のアプリ一覧」が表示されるようになります。

　冒頭に「よく使うアプリ」が表示されていますね。
　その後に、「＃ → A → B…etc.」というファイル名順にアプリ一覧が表示されます。

　全体的にシンプルになったことによって、「設定項目」が少なくなりました。

　特に、「Windowsの設定項目」が親切な補足説明付きでシンプルにまとめられている
点が、◎です。
　直感的な使いやすさが増しました。

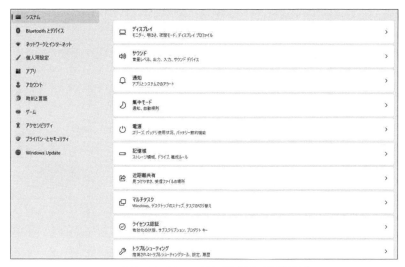

シンプルにまとめられた設定項目（「補足説明」付き）

(5)　「Androidアプリ」がWindowsで利用できる（まだ正式には対応していません）

唯一、「Windows11」の目玉機能と言われています。

今後は「エミュレータ」を使う手間と設定が不要になります。
現在「Androidのスマホ＆タブレット」で使っているアプリが、パソコンの「Windows11」でもダウンロードしたりインストール（導入）することで動作するようになるわけです。
これは何かと便利かもしれないですね。

＊

ただし、「Androidアプリ」は、「Google Play」ではなく「Amazon AppStore」から入手することになるそうです。

「Amazon AppStore」は、アマゾンで販売しているKindleのタブレット端末に搭載されている、アマゾン独自のアプリダウンロード用アプリです。
「Google Play」よりもアプリ数が少ない、劣化版です。

今後は「Windows11」でも採用されるので、「Amazon AppStore」のアプリが強化される可能性が高そうですね。
「Kindleユーザー」の方にとっては朗報だと思います。

＊

他に、ゲーム好きの方にとって重要なのは「Xbox Game Pass for PC」です。
簡単に言うと、家庭用テレビゲーム機の「X-box」本体を購入しなくても、コントローラーさえ購入すれば、「Windows11」で遊べるといったサービスになります。

＊

今のところ、上記の5点がメリットとして挙げられます。
この中でも多くの方がメインで絶対的に使うであろう、「Webブラウザ」（Microsoft

Edge/Chrome/FireFox/Opera)の動作が劇的に速くなっています。

　他には、最下部のスタートボタン＆タスクバーが「中央寄り」という新鮮味が味わえました。

　「Windows11」の新鮮さもありつつ、「Windows10」と比べて「あまり大きな変更点はない」という点も忘れてはいけない部分ですね。
　これはパソコンに不慣れな方や不安な方がいちばん心配している、"「Windows10」から「Windows11」へアップグレードすることで、全体の画面＆操作感に大きな変更があるのではないか？"といった部分だと思います。

　特に仕事で使う方は、いきなり使い勝手が変わったりしたら困ってしまいますよね。
　「昔ながらのWindows」といった操作感は、ガラリと変わっていないので、ご安心ください。

　むしろ余計なアイコンと項目＆機能がなくなって、すっきりシンプルになったくらいです。
　当日から「使ってください」と言われても、そのまま違和感なく移行できると思います。

　ただし、一部の「デメリット」(悪い点)と感じた機能を除いてです。
　次で解説していますが、けっこう重要な部分が変更されていたりします。

■Windows11の「デメリット」(3つの悪い点)

　皆様が普段からメインで使うのではなかろうかという、けっこう重要な部分(使用頻度が高い機能)が改悪されて不満の声が続出しています。

　個人的には「Windows11」を導入する前にいちばん知りたかった情報だったので、ご紹介します。

(1)　最下部にあるタスクバーが、「グループ化」されて、使いづらい

グループ化されたタスクバー

　これはさすがに多くの方に不評だと思います。

普通の設定では「グループ化を解除できない仕様」です。

「Windows10」のころは、Windowsの設定を変更するだけで、誰でも簡単にグループ化を解除できました。

たとえば、「Windows10」では「Google Chrome」のアプリを2個開いたら、タスクバーには画像のように「Chromeアプリ」を2個並んで表示してくれます。

つまりは、1つ1つ個別に分けてくれるので、大変便利な機能でした。

Windows10では開いているアプリを個別に表示していた

これによって、何個も同じアプリを開いていたとしても、「タスクバー」を見るだけで直感的に、「何個アプリを開いているのか」「どのアプリを開いているのか」を確認できたのです。

*

「Windows11」からは最初の画像のとおり、タスクバーにあるアプリのアイコンに対して、いちいちマウスを当てて何個開いているのかを確認しなければいけません。

(1)タスクバーまでマウスを持ってくる（それまで何個開いているか分からない）
(2)マウスを該当したアプリに当てる（マウスで選択した時点で、ようやく判明）

この2ステップの「余計な作業」が必要になります。

いったいどのくらいのアプリを開いているのかを直感的に確認できないといった、不便さが増してしまいました。

この問題は、「同じアプリを複数個、同時に開いたとき」に困ってしまうことが多いですね。

どれが、どのアプリなんだか、訳が分からなくなります。

*

「タスクビュー」という新機能（現在、開いているアプリをまとめて確認できる機能）も一応用意されているのですが、希望しているものとはちょっと違いました。

全部一気にまとめて見たいわけではなく、**作業をしながら個別のアプリを開いている数が直感的に、すぐ見える**ことが重要だったのです。

当方では、いきなり不便に感じて困ってしまいました。

同じアプリを同時に開いたりしない方にとっては、どうでもいいことですね。

(2) 右クリックメニューが分かりづらい

　Windowsを使っている方だったら誰しも絶対に使うであろう、「右メニュー」の「切り取り/コピー/名前の変更/削除」が文字で表示されなくなりました。

　すべて最上部へ移動し、「小さなアイコン」にされてしまっています。

「切り取り/コピー/名前の変更/削除」がアイコン表示になった

　枠内で、横一列に小さなアイコンが5つ並んでいるのが分かりますね。
「小さな四角いアイコン」が「**コピー**」です。
これが「コピー」とは……とても分かりづらかったです。
よく見ると、四角が2つに重なっているということに、後から気づくくらいでした。
＊
「**名前の変更**」のアイコンも、コピー以上に分かりづらいです。

名前の変更

　「**削除**」は「ゴミ箱アイコン」なので、とても分かりやすいですね。

削除

　「**切り取り**」も「ハサミ」なので、分かりやすいです。

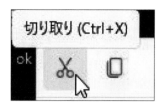

切り取り

　ちなみに、いちばん下の「その他のオプションを表示」をクリックすると、「Windows10」のように「古い右クリックメニュー一覧」を表示してくれます。

「Windows10」のころの「右クリックメニュー」を表示することもできる

　毎回これをするのは、ちょっと…といった感じです。

　使っているうちに、いずれ慣れるかもしれませんが、不便すぎて困ってしまいました。

＊

　上記の(1)と(2)のデメリットは、レジストリを変更することで「Windows10」のように戻すことが可能でしたが、その後、(1)のタスクバーの「グループ化解除」はレジストリ設定だけではNGになりました。

　「DLLパッチ」を導入して設定しなければ、有効にならなくなったようです。

　いろいろとレジストリ設定をいじっていて、

・ここまでして「Windows11」にする価値はあったのだろうか…？

・再びパソコンを買い替えたときにも同じ設定をしなければいけないと面倒だなぁ…

といったことが思い浮かんでしまいました。

　今後は簡単に設定から変更できるようになってくれればいいのですが、この「レジストリをいじらなければ変更できない」という点が何とも言えないです。

　タスクバーのアイコンの大きさは、慣れれば言うほど気にならないのですが、「アプリのグループ化」と「右クリックメニュー」は、ぜんぜん慣れません。

（3）　「フォルダ／ファイルエクスプローラ」を開く動作がワンテンポ遅い

「開く」だけではなく、「名前を変更」したり「削除」したりする動作も遅いです。

ファイルとフォルダに関する操作がすべて「激遅」になってしまいました。
アニメーションを「無効化」しても明らかに遅く感じます。

なんというか、ダブルクリック後にワンテンポだけラグがあるような感じで開きます。
当然ながらアニメーションを有効化すると、とてもじゃないですが、使えたものでは
ありません。

「CPU Core i7 2600K」で非対応ではあるのですが、「メモリ RAM 32GB」でも明らか
に致命的な遅さが気になっています。
「Windows10」では、まったくもって問題ないくらいまでにサクサク動いていました。

最下部にあるスタートボタンとタスクバーの「中央寄り」は思ったよりも気になりません。
気になる方はWindowsの「設定」から簡単に「左寄せ」（＝以前の状態）に戻せます。

＊

現時点で「Windows11」にして感じた変化は、次の二つです。
・フォルダとファイルの開くスピードがワンテンポ遅い
・にも拘わらず、「Google Chrome」と「Edge」の動作が明らかに速くなった

このことから、『Google Chrome と Edge の動作の早さを優先して「Windows11」を使
い続ける』のか、『フォルダ＆ファイルの開くスピードを優先したいので「Windows10」
へ戻してしまう』のかで、筆者は今後も悩み続けるでしょう。

＊

パソコンが故障したときのため（「Core i7 2600K」を延命させるため）に数年前にマザー
ボードを予備で購入してしまったのですが、少しやらかしてしまったかもしれません。
まさか、「Windows11」を導入するために「TPM2.0」の厳しい条件が加わるとは思いも
しませんでした。

世間では不評になりがちではあるのですが、単純に自分が慣れていないだけかもしれ
ません。
すぐに「Windows10」に戻してしまうのは違うと思うので、しばらく慣れるまで使っ
てから最終的な評価をしようと思っています。

■結局、「Wndows8.1/10」から「アップグレード&導入」する必要はあるのか

現在「Windows8.1 & 10」を使っている方は、とても気になる内容だと思います。

結論から言うと、現時点 (2021年11月時点) で導入しようかどうか迷っている方は、まだ「Windows11」にしないほうがいいと思います。

正確には、迷ってまで"無理に「Windows11」にする必要性はない"と言えます。

＊

「Windows11」を導入後、一通り触ってみて改めて感じたことなのですが、「Windows10」が、(「Windows11」に比べて) いかに軽快に動作で安定していたかということもよく分かりました。

失ってから良さに気づくものが多いとは、まさにこのことかもしれません。

重いトラブルが発生しても自力で解決できる、「Windowsのカスタマイズ好き」や「新しい物好き」以外は、現段階においては、"あまりおすすめはできない"というのが正直な感想になります。

特に、「現在Windows8.1や10を使っていて不満を感じていない方」「Windows11へアップグレード or 導入しようかどうか悩んでいる方」も、現段階のバージョンにおいて"悩んでまで無理して導入する価値はない"でしょう。

もちろん、昔から「Windows」や「機械」(ガジェット系) が好きな方や、これから「Windows11」を導入しようと意気込んで決意されている方は、一度、お試しで導入してみてもいいと思っています。

人間の慣れは恐ろしいものなので、すぐに慣れてしまうかもしれません。

実際に自分の目で見て試してみて、合わなかったら「Windows10」へ簡単に戻すこともできます。

ただし、「Windows10」に戻せる期間は「10日間だけ」なので、要注意です。

10日間経過後は、Windows10のデータ自体を削除してしまうようです。

■「Windows11」の総合評価

＜Windows11をそのままノーマル状態で使う場合＞
・★★★☆☆ (5段階中 2.5〜3)

「Windows11」を標準機能のまま使うと、不便極まりないと思います。

特に、パソコンをフル活用しているユーザーはそう感じやすいでしょう。

逆に、Webサイトや動画を見る程度の方なら、そこまで不便には感じないと思っています。

＊

1つだけ気になったのは、Windows10のときと比べても求められる動作スペックが上がっていることです。

これにより、全体のパフォーマンスとしては「重く」なってしまっています。

　「Windows10」と「Windows11」の性能を比較している方がいたのですが、パフォーマンス自体は重くなったことによって落ちています。

　特に、**動作条件に満たないパソコンからのアップグレードでは、デメリットしかない**かもしれません。

　今まで動作に問題なかった「Windows10」から「Windows11」にすることで、「何もしていなくても動作が重くなってしまう」というわけです。

＊

　さらには誰もが直面するであろう以下の問題も関係してきます。

・最下部にあるタスクバーの問題(アイコンの大きさ/位置/グループ化解除不可能)
・右クリックメニュー(切り取り/コピー/名前変更/削除がアイコン化)
・裏で重くしている原因であろう余計な常駐アプリ問題
・ファイルとフォルダの動作が劇的に遅くなってしまう、重要な問題

　パソコンの動作スペックに充分な余裕がある方で、なおかつ、上記を不満に感じない&気にならない方であればぜんぜん問題ありません。

＜カスタマイズして使う場合＞
・★★★★☆(5段階中 4〜4.5)

　「Windows11」の不満を一通りなくして使った場合、カスタマイズ(**本章第2節**参照)の手間を考慮すると100点満点には届きません。

　しかし、現状に不満はなくなり、純粋に「満足」といった評価になりました。

　「Windows11」を簡単に言うならば、「Windows8 → Windows8.1」ではないですが、良い意味での「Windows10 → Windows10.1」といった感じでしょうか。

　とても重要なことなのですが、Windows10から大きな変化&進化はないので、「Windows10+ α(アルファ)」になったことで満足しています。
(1)起動時間&終了時間が速い。
(2)誰もがメインで使うWebブラウザ&アプリ全般のパフォーマンスがアップ
(3)警告音が「ジェントル・サウンド」になって心臓に優しい

　先ほど挙げた、
(1)「Windows11」標準機能の不満な点(タスクバー関連&右クリックメニューの問題)
(2)余計な常駐アプリケーション問題(裏で常に起動して重くしている原因)
(3)フォルダ&ファイル操作の動作が重くなる問題
の3点の問題さえ解決すれば、全体的にパフォーマンスがアップしていると言えます。

　ファイルとフォルダを開く動作が遅くなってしまう問題については、**次節**で述べる『「Windows11」の不満を解決してくれる便利アプリ』によって無事に解決できました。
　Windows10のときのようにフォルダ&ファイル操作が軽快に動作するようになっています。
　他にも「タスクバーの大きさ変更」「グループ化解除」「右クリックメニュー戻し」や面倒なレジストリ変更作業をせずに、誰でも簡単に変更できます。

*

上記の重要な問題を抱えたことで、一時はどうなることやらと思いました。

このまま不満な点を解決できなければ「Windows11を導入して失敗した…」となるところでしたが（「Windows10」に戻してしまおうか、真剣に悩んだくらいです）、結果的に「Windows11」を導入して良かったです。

「終わりよければすべて良し」ではないですが、結果オーライでした。

2-2 「Windows11」の不満を解決してくれる「無料アプリ」

これまで「Windows8.1/Windows10」を使っていた方がいきなり「Windows11」にしたあと、使い勝手に不満を感じることがあると思います。

まさに当方では、「Windows10」に戻してしまいかねない重要な問題に直面しました。

そんな事態にならないようにするためにも、多くの方が不満に感じるであろう「Windows11」の機能を、使い慣れた「Windows10風」にしてしまうアプリを紹介します。

それが「WinaeroTweaker」です。

筆　者	これだけ知っておけばOK!運営者
サイト名	これだけ知っておけばOK!
URL	https://www.broadcreation.com/blog/news/86370.html
記事名	「Windows11の不満を解決してくれる必須無料アプリの簡単まとめ(WinaeroTweaker)」

■「WinaeroTweaker」とは

具体的に、どんなことをしてくれるかというと、

(1)最下部にあるタスクバーのグループ化を解除(Windows10のように個別に分けてくれる)

(2)右クリックメニューを戻す(Win10のようにコピー＆ペーストのメニューが戻る)

(3)最下部にあるタスクバーサイズの変更(小/中/大を選択可能)

(4)最下部にあるタスクバーの場所(上/下/左/右を選択可能)

(5)常に裏で動いている不要なアプリを一斉無効化して軽くしてくれます(標準では一度に無効にする機能がない)

(6)ファイル＆フォルダを開くスピードをアップする機能(「Windows11」では明らかに動作が遅くなる。当方も直面した重要な問題でした)

これらの作業を、難しいレジストリの作業が一切不要でできます。

アプリを導入後、マウスで選択するだけで簡単に設定してくれるアプリです。

■どこから手に入るのか

まずは、下記2点を入手する必要があります。

(1) WinaeroTweaker本体(英語版)

(2) WinaeroTweaker日本語化パッチ

すべて無料で利用可能なので、ご安心ください。

「Winaero Tweaker (本家の公式ブログ)」(https://winaero.com/winaero-tweaker/#download)へアクセスして、最上部にある「Download Winaero Tweaker (テキスト文章)」をクリックするとすぐにダウンロードできます。

枠内のテキストをクリック

もしくは、「Winaero Twaker (公式サイト)」(https://winaerotweaker.com/)へアクセスして、左下の「DOWNLOAD (ボタン)」をクリックしてもダウンロードできます。

枠内のボタンをクリック(マウスを当てる前は「緑色」のボタンになっている)

この「WinaeroTweaker」は英語版です。

次に「日本語化パッチ」を手に入れます。

Winaero Tweaker 日本語化ファイル　ダウンロード
https://donkichirou.okoshi-yasu.net/download/WinaeroTweaker.html

「WinaeroTweaker_1_33_0_0_jp.zip」をダウンロードすればOKです。

■インストール手順について

手　順　「WinaeroTweaker」のインストール

[1] 「WinaeroTweaker1.33.0.0-setup.exe」を起動します。

WinaeroTweaker1.33.0.0-setup.exe

[2] Next をクリックします。

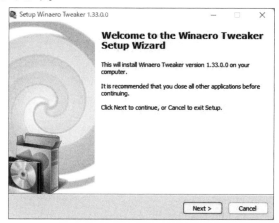

Nextをクリック

[3] 「Normal mode（with uninstaller and Start menu icons）」を選択して、Next をクリックします。

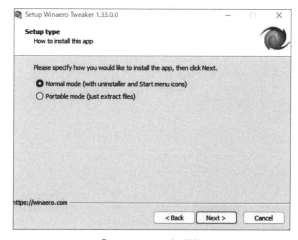

「Normal mode」を選択

[4] 「I accept the agreement」を選択して、Next をクリックします。

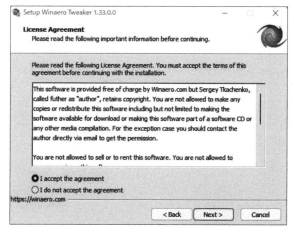

「I accept the agreement」を選択

37

[5] インストール先のフォルダを指定します。

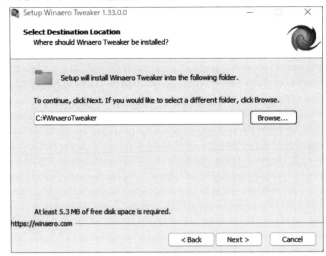

インストール先フォルダを指定

後ほど日本語化するときに選択する必要があるので、必ず覚えておきます。

C:¥Program Files¥Winaero Tweaker

通常では、こちらのプログラムファイル内に入ります。

C:¥WinaeroTweaker

当方では初めにポータブル版(持ち運び版)を導入したために、こちらの「C:」になっています。

上記のどちらかになると思います。

[6] そのままNextをクリックします。

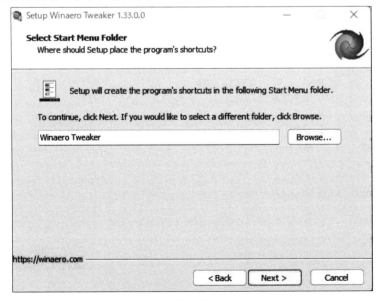

Nextをクリック

[7] Next をクリックします。

デスクトップにアイコンが配置されます。

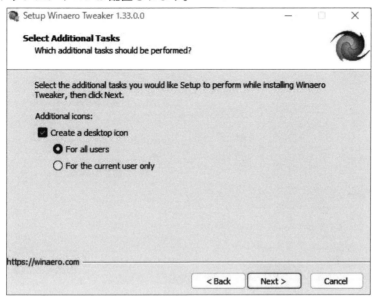

Nextをクリック

[8] 「Install」(インストール)をクリックします。

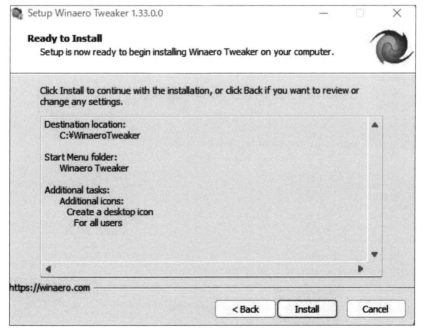

「Install」をクリック

[9] チェックした状態のまま「Finish」をクリックします。

「Finish」をクリック

*

インストールが完了すると自動的にアプリが起動します。

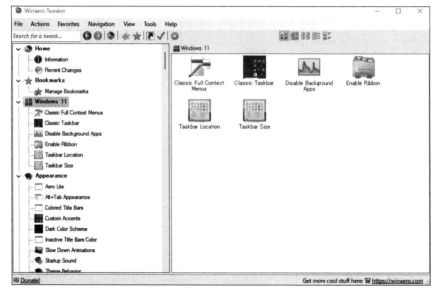

自動的にアプリが起動

ご覧の通り、すべて「英語表記」です。

いったん、右上の「×」を押して、アプリを終了させます。

■「WinaeroTweaker」の日本語化

手 順 「WinaeroTweaker」を日本語にする

[1] 最初に入手しておいた日本語ファイル「WinaeroTweaker_1_33_0_0_jp.zip」を開きます。

WinaeroTweaker_1_33_0_0_jp.zip

[2] 「WinaeroTweaker_1_33_0_0_JP.exe」を起動します。

英語から日本語にする更新する確認表示が出ます。

「はい(Y)」をクリックします。

「はい(Y)」をクリック

[3] 「参照」をクリックして、ここでインストール先のフォルダを指定します。

C:¥Program Files¥Winaero Tweaker
C:¥Program Files（x86）¥Winaero Tweaker
C:¥Winaero Tweaker

　上記のいずれかになると思います。

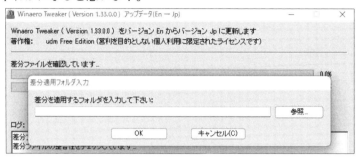

「参照」をクリック

[4] 「WinaeroTweaker」を選択します。

「WinaeroTweaker」を選ぶ

[5] 選択後、OK をクリックします。

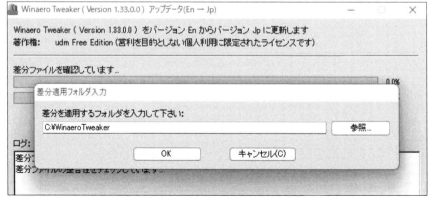

OKをクリック

[6] 正常に完了すると、緑のゲージが「100%」になります。
そのまま右上の「×」を押して閉じます。

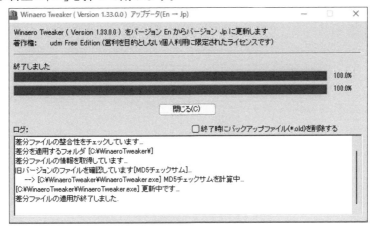

「×」を押して閉じる

■「Winaeo Tweaker」でWindows10風にする「設定方法」と「手順」について

「Winaeo Tweaker」を起動します。

「Winaeo Tweaker」を起動

きちんと日本語化されていることが確認できると思います。

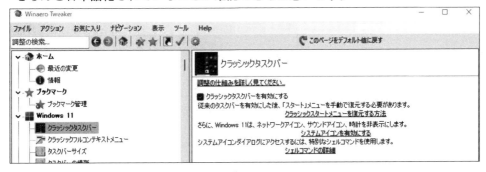

日本語化されている

左メニューの「Windows11」に該当する下記の項目が、設定する箇所です。

(1) クラシックタスクバー
(2) クラシックフルコンテキストメニュー
(3) タスクバーサイズ

(4) タスクバーの場所

(5) バックグラウンドアプリの無効化

(6) リボンの有効化

上記以外は一切触らなくてOKです。

---

(1) クラシックタスクバー

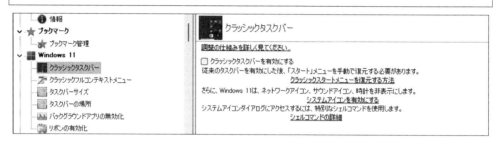

クラシックタスクバー

最下部にある「タスクバー」のグループ化を解除して、Windows10を使っていたときのように開いているアプリごとに個別に分けてくれます。

「クラシックタスクバー」は「タスクバー」のグループ化を解除する

これにより、アプリを開いている位置と状態が一目で分かり、使いやすい感じに戻りました。

＊

こちらを設定した際には、必ず「システムアイコンを有効にする」を選択して、必要に応じて「時計機能」「音量」「ネットワーク」などを有効にしてください。

システム アイコン	動作
時計	オン
音量	オン
今すぐ会議を開始する	オフ
マイク	オン
ネットワーク	オン
電源	オフ
入力インジケーター	オン
アクション センター	オン

必要に応じて各項目を有効化する

これらをオンにしないと、右下のタスクトレイに時計表示がなくなってしまうからです。

時計が消えたタスクトレイ

このように右下は「時計」がなくなり、寂しい感じになります。

ただし、「時計」を有効にしても「日付」はマウスをあてないと表示されなくなるので、ご注意ください。

この点だけは唯一の「デメリット」かもしれないですね。

古いタスクバーに戻すことが目的なので、仕方ありません。

(2) クラシックフルコンテキストメニュー

クラシックフルコンテキストメニュー

ファイル&フォルダを選択した際の「右クリックメニュー」に、Windows10のように「コピー&ペースト」「名前を変更」「削除」が戻ります。

*

「Windows11」の標準機能では、もっとも使うであろう「切り取り」「コピー」「名前の変更」「削除」などが、すべて最上部へ「小さなアイコン化」されてしまっています。

これを、「Windows10」の右クリックメニューに戻してくれます。

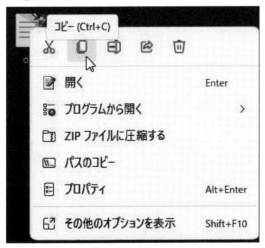

「切り取り」「コピー」「名前の変更」「削除」は一つにまとめられている

「切り取り」「コピー」「名前の変更」「削除」が戻った

とても使い勝手が良くなりました。

(3) タスクバーサイズ

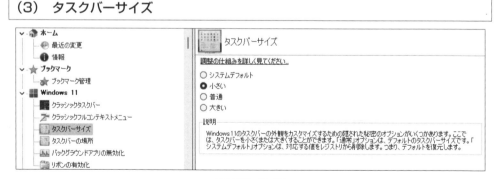

タスクバーサイズ

最下部にある「タスクバーサイズ」の変更が、「小・中・大」で選択可能になります。

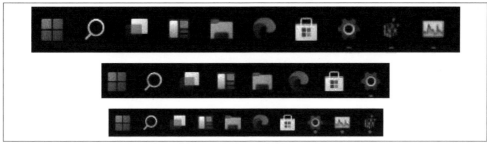

上から順に、「大サイズ」「中サイズ」「小サイズ」のアイコン

（4）　タスクバーの場所

タスクバーの場所

最下部にある「タスクバー」の場所を「上・下・左・右」で選択可能になります。
標準では下に固定されていますね。

（5）　「バッググラウンドアプリ」を一度に無効にする

バッググラウンドアプリの無効化

「常に裏で動いている不要なアプリ」を、まとめて「無効化」して軽くしてくれます。

これが「Windows11」の重さの原因にもなっているくらいですね。
現在、「Windows11」の標準機能には、「一度にまとめて無効にする機能」はありません。

(6) リボンの有効化

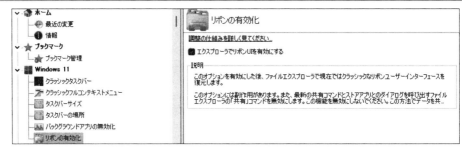

リボンの有効化

ファイルとフォルダを開くスピードをアップしてくれる機能です。

＊

当方では「Windows10」から「Windows11」にしたときに、なぜか「ファイルとフォルダを開くスピード」だけ物凄く遅く、違和感がありました。

「開く」だけでなく、「名前を変更」したり、「削除」したりする動作も遅いのです。

ファイルとフォルダに関するすべての操作が激遅になってしまい、アニメーションを「無効化」しても明らかに遅く感じていました。

しかし、こちらのリボンUIを有効化することで「Windows10」のときのようにスムーズに戻りました。

つまり、余計な機能がない昔ながらのクラシックな**「軽い状態」にしてくれるという機**能です。

とても重要な機能となります。

＊

上記6点に好みに応じてチェックを入れた後、最下部に「エクスプローラ再起動」が出ます。

そのまま「エクスプローラ再起動」をクリック、もしくはパソコンを再起動すればOKです。

そうすると、すべての設定が反映されていると思います。

「エクスプローラ再起動」をクリック

1つの設定ごとに再起動する必要はありません。

・**6点すべての設定が決まって最後のリボンを有効にしたところで、「エクスプローラを再起動」する**

あるいは、

・**「パソコン」を再起動する**

などをすれば、**まとめて有効**になるので、ご安心ください。

ぜひ1つの参考にしていただければ幸いです。

第3章

「Windows11」の
「アップグレード」「ダウングレード」

「Windows10」から「Windows11」にアップグレードするには、どうしたらいいのでしょうか。

また、「Windows11」から「Windows10」に戻すには、どのような手順が必要なのでしょうか。

この章では、実際に「アップグレード」「ダウングレード」した方の記録を見ながら、方法を学びます。

3-1　「Windows11」に「無償アップグレード」する方法

2021年10月5日に、「Windows11」が公開されたので、弊社※では、"人柱"覚悟で、さっそくアップグレードしてみました。

※㈱とげおねっと

その結果、あっさりアップグレードできたので、あまり参考にならないかもしれません。

この記事は、あくまでも弊社所有の端末で「Windows11」へのアップデートを試したものです。

必ず記事の記述通りにアップデートできるものではありません。ご了承ください。

筆　者	針生　棘生
サイト名	とげおネットITサポートblog
URL	https://togeonet.co.jp/post-25910
記事名	「Windows10からWindows11に無料無償アップグレードする方法」

■今回アップグレードしたパソコンの「スペック」

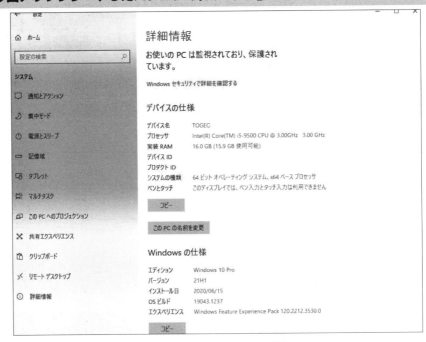

アップグレードに使ったPCの情報

今回アップグレードに使ったPCは、「BTOパソコン」（を改造したもの）で、「CPU」は第9世代「Core i5」、「Cドライブ」は高速な「PCIe NVMe M.2 SSD」を搭載しています。

また、このパソコンは「ローカル・アカウント」を利用しています。
「マイクロソフト・アカウント」や「Microsoft365アカウント」を利用している場合は、挙動が違うかもしれませんが、今回は「ローカル・アカウント」を使いました[※]。

※補足：各アカウントの違い
　各アカウントには、大まかに下記のような違いがあります。

［ローカル・アカウント］
Windows10の利用に必要なアカウント。アカウントを作る際に使ったPCでのみ機能するため、各種設定やデータファイルなどのユーザー情報を他のPCと共有できない。

［マイクロソフト・アカウント］
Windows10の利用に必要なアカウント。ユーザー情報を複数のPCで共有できる。

［Microsoft365アカウント］
Microsoft365の利用に必要なアカウント。ビジネス向けのマイクロソフト・アカウントのようなもの。

■「Windows11」の「ダウンロード」と「インストール」

手 順 「Windows11」をダウンロードしてインストールする

[1] 以下のサイトから「Windows11」をダウンロードします。

「Windows11」のダウンロードページ
(https://www.microsoft.com/ja-jp/software-download/windows11)

　作業しているパソコンをアップグレードする場合は、上記サイトの「Windows11 イン
ストールアシスタント」の項目から進んでください。

　「USBメモリ」「DVD」の「インストールメディア」を作る場合は、同サイトの
「Windows11のインストールメディアを作成する」の項目からダウンロードしてください。

> ※今回は「Windows11 インストールアシスタント」の「今すぐダウンロード」からダウンロー
> ドします。

[2] インストーラを実行し、「ウィザード」に従って、次へ進みましょう
　「Windows11InstallationAssist.exe」なるプログラムがダウンロードされているので、
こちらを実行してください。

「Windows11InstallationAssist.exe」を実行

[3] 規約に同意して、次へ。

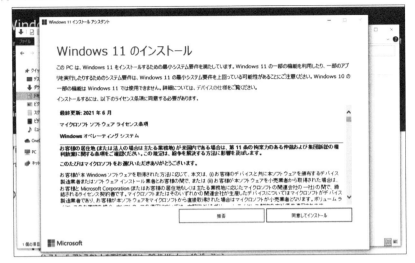

「同意してインストール」をクリック

　ソフトが必要なプログラムをダウンロードします（その間、他の作業をすることは可能です）。

　弊社の環境ではダウンロードはすぐ終了しましたが、ネットワークの環境によっては時間がかかるかもしれません。

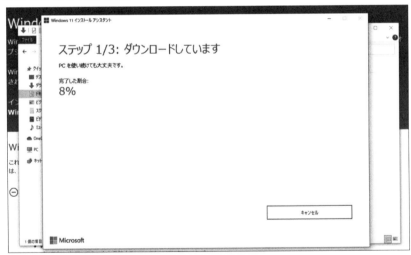

ダウンロード開始

[4] 次にダウンロードの確認が実行されます。

この作業も時間がかからずに終了しました。

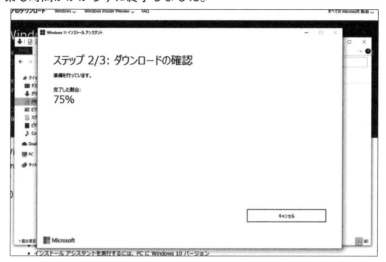

ダウンロードの確認

[5] いよいよインストールを実行します。

「PCIe NVMe M.2 SSD」搭載の高速なパソコンで、インストールに30分程度かかりました。

HDDの場合は、2〜4時間程度はかかると思われます。

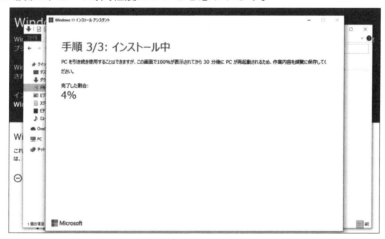

インストールの実行

[6] インストールが終了すると、再起動を求められます。

「更新プログラムを構成しています」などと表示され、10分くらいかかりました。
数回、再起動します。

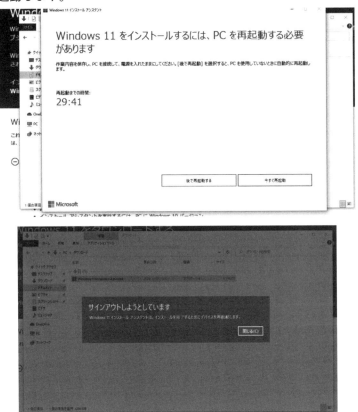

再起動

[7] 無事に再起動がすんで、ログインできました。

アップグレード完了

■アップグレードしてみたその後

　「PCIe NVMe M.2 SSD」搭載の高速なパソコンで、1時間くらいであっさりアップグレードできました。

　また、「インストールされたソフトをアンインストールしてください」という表示もされずに、引き続き使うことができました。
　スピードについては、「Windows10」の場合よりも速くなっている気がします。

●「Windows10」と違って気になったこと

　「操作画面」が大きく変更されていたため、少し戸惑いました。

　やっぱり「スタートメニュー」は、中央ではなく、左側にあったほうが使いやすいかもしれません。

＊

　たまたま弊社の環境ではアップデートは順調に進みましたが、実際にアップグレードするには利用中の「ハードウェア」「ソフトウェア」「システム」が「Windows11」に対応しているかを確認の上、行なってください。

3-2　　「Windows10」にダウングレードする方法

　いつの間にか「Windows11」にアップグレードされて面食らった…そんな人も多いかもしれません。

　過去の事例でも分かるとおり、今回の「Windows11」などの最新OSは、互換性が保証されるわけではありません。
　やっぱり「Windows11」にアップグレードするのは、落ち着いてからにしたい人もいると思います。

　この記事は、“「Windows11」にアップグレードしたけど、やっぱり「Windows10」に戻したい（ダウングレード）したい人”に向けてまとめた記事です。
　ぜひ参考にしてください。

筆　者	針生　棘生
サイト名	とげおネットITサポートblog
URL	https://togeonet.co.jp/post-25954
記事名	「【解説】Windows11からWindows10にダウングレードする方法」

■なぜ勝手に「Windows11」にアップグレードしようとするのか

　Microsoft社は、2021年10月5日に最新OS「Windows11」をリリースしました。

　Microsoft社は、「WindowsUpdate」を通して、「10」から「11」へのアップグレードを進めるそうです。

　そのため、タスクバーの「通知領域」からアップデートに関する通知が行なわれると思います。

■「Windows11」から「Windows10」にダウングレードできるのは、「10日間」のみ

　「Windows11」に限らずですが、「初期版」には「バグ」があるものです。

　快適な状態でパソコンライフを送りたい人は、「Windows11」が安定してから利用したいですよね。

　うっかり「Windows11」にアップグレードしてしまった人は、「ダウングレード」することを検討しましょう。

【要注意！】
　アップグレード前の状態に戻すことができるのは、「Windows11」にアップグレードした日から10日間である点にご注意ください。

■「Windows11」から「Windows10」にダウングレードする方法

　「Windows11」から「Windows10」にダウングレードする方法をまとめました。

手 順 「Windows11」のダウングレード

[1] タスクバーにある「Windowsロゴ」を右クリックします。

[2] 表示された一覧から、「設定」を選択します。

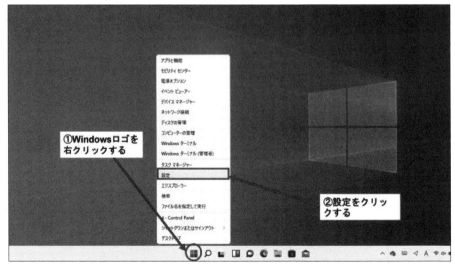

「Windowsロゴ」を右クリックして、「設定」を選択

[3] システム画面が表示されるので、スクロールし「回復」を選択します。

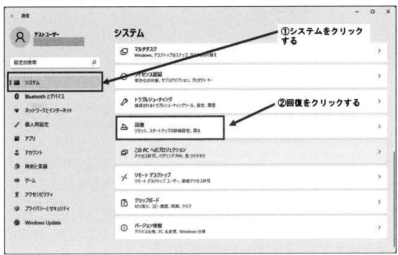

「回復」をクリック

[4] 回復画面に遷移するので、「回復オプション」から「復元」を選択します。

「復元」をクリック

【※注意】

「復元」を押した際に、以下の注意画面が表示される場合があります。

「閉じる」をクリックし、充電ケーブルをつないでから、改めて「復元」をクリックしましょう。

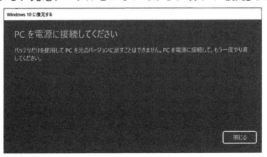

この画面が表示されたら、「充電ケーブル」をつないで、やり直す

---

[5]「Windows10に復元する」というポップアップが表示されます。

「以前のバージョンに戻す理由をお聞かせください」と表示されるので、理由にチェックをつけます。

[6]「次へ」をクリックします。

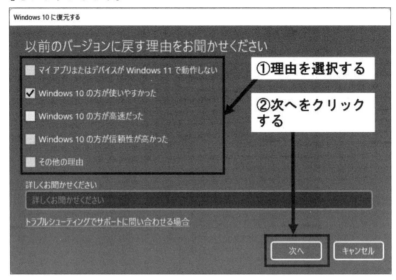

理由を選んで「次へ」をクリック

[7]「アップデートをチェックしますか？」と表示されるので、「行なわない」をクリックします。

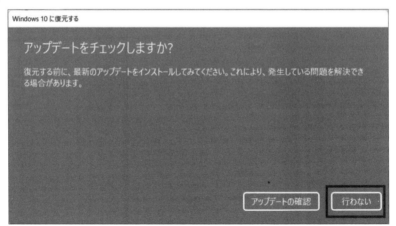

「行なわない」をクリック

[8] 「知っておくべきこと」が表示されます。
　注意を読み、問題がなければ、「次へ」をクリックします。

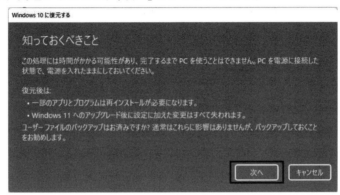

問題がなければ「次へ」をクリック

[9] 「ロックアウトされないようにご注意ください」という画面が表示されます。
　「次へ」をクリックします。

「次へ」をクリック

[10] 「Windows11をお試しいただきありがとうございます」と表示されるので、「Windows10に復元する」をクリックします。

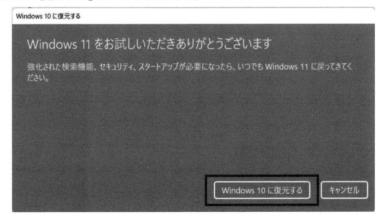

「Windows10に復元する」をクリック

*

いかがでしたか。

"「Windows11」も気になったけど、やっぱり慣れている「Windows10」を使いたい"という人は、ダウングレードできる期間が限られているので、注意しましょう。

*

「Windows11」はこれから改修を繰り返し、安定して使いやすくなっていくでしょう。

まず検索して情報を調べ、自分にとって快適なパソコンライフを送るにはどうしたらいいか検討してください。

第4章

「Windows Subsystem for Android」の使い方

　「WindowsPC」で「Androidのアプリ」を使えるようにする「Windows Subsystem for Android」（WSA）は、「Windows11」の"目玉"とも言われる機能です。

　しかし、現在は、まだ開発者向けの"Preview版"「Windows11」以外で「Windows Subsystem for Android」を使うことはできません（2021年11月時点）。

　この第4章では、「Windows Subsystem for Android」を使えるようにする方法を紹介します。

※正規のやり方ではないので、実行する際には自己責任で行なってください。

4-1　「WSA」を手動でインストールする方法

　先日公開された「Windows Subsystem for Android」ですが、現時点では「Windows 11 Insider Preview版」で米国設定となっている場合にのみインストールが可能となっています。

　しかし、外部サイトを介してパッケージを直接ダウンロードすることで、Preview版へのアップデートや設定なども不要で、簡単に導入できます。

　ここでは、その方法を紹介します。

筆　者	SMART ASW運営者
サイト名	SMART ASW
URL	https://smartasw.com/archives/13908
記事名	「Windows 11 Subsystem for Androidを手動でインストールする方法【地域設定／更新不要】」

■アプリパッケージをダウンロード

手 順 アプリパッケージのダウンロード

[1]以下のサイトにアクセスします。

　このサイトでは「Microsoft Store」で配布されているアプリのパッケージを、直接ダウンロードできます。

Microsoft Store - Generation Project (v1.2.3) [by @rgadguard & mkuba50]

https://store.rg-adguard.net/
---

[2]「プロダクトID」などを入力

　先ほどのサイトを開いたら、画面左側の「URL（link）」を「Productid」に変更。

　画面右側の「RP」を「Slow」に変更します。

「URL（link）」を「Productid」に、「RP」を「Slow」に変更

[3]真ん中の入力スペースに以下を入力して、いちばん右の「✓」をクリックします。

9P3395VX91NR

「プロダクトID」を入力

　これでズラッと一覧で出てくると思います。

検索結果

[4]「.Msixbundle」をダウンロード。
一覧で表示された中から、末尾が「.Msixbundle」となっているものを探します。

おそらく、いちばん下にあるはずです。
これをクリックして、ダウンロードします。

MicrosoftCorporationII.WindowsSubsystemForAndroid_1.7.32815.0_neutral_~_8wekyb3d8bbwe.BlockMap
MicrosoftCorporationII.WindowsSubsystemForAndroid_1.7.32815.0_neutral_~_8wekyb3d8bbwe.msixbundle

「.Msixbundle」をダウンロード

*

クリックしてもダウンロードが始まらない場合は、右クリックして「名前を付けて保存」をクリックします。

なお、ダウンロード時に警告が出てきますが、「破棄」の右側をクリックして、「継続」をクリックすればダウンロードできます。

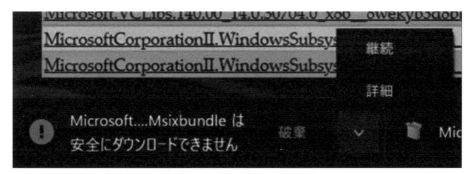

「継続」をクリックすれば、ダウンロード可能

■インストール

手 順 「Android Subsystem」のインストール

[1] スタートメニューを右クリックし、「Windows ターミナル（管理者）」をクリックします。

「Windowsターミナル（管理者）」をクリック

[2]「Windows ターミナル」を「管理者権限」で起動したら、以下のコマンドをコピーして貼り付けます。

```
Add-AppPackage -Path
```

コマンドを貼り付ける

[3] ダウンロードしたパッケージのパスをコピー

先ほどダウンロードしたファイルを右クリックし、「その他のオプションを表示」→「パスのコピー」をクリックします。

「パスのコピー」をクリック

これでファイルのパスがコピーされます。

[4] 「Windows ターミナル」でインストール

再び「Windows ターミナル」に戻り、先ほどの「ファイル・パス」を貼り付けます。

画面上で右クリックすると、貼り付け可能です。

これで実行すれば、インストールが実行されます。

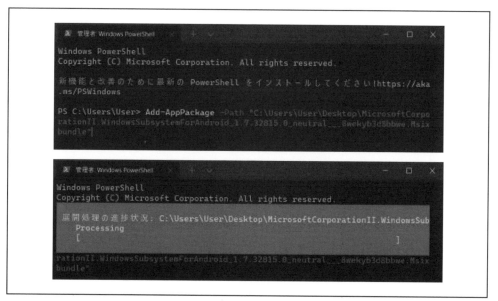

「ファイル・パス」を貼り付けてインストールを実行

＊

以下の画面になれば、インストール完了です。

インストール完了

■「Hyper-V」などを有効化

これで「Android Subsystem」のインストール自体は完了しましたが、このままでは
動作しないので、必要な機能を有効化していきます。

手 順 「Hyper-V」などを有効化

[1] スタートメニューで「コントロールパネル」と検索して開きます。

その中の「プログラム」をクリックし、「Windowsの機能の有効化または無効化」をクリッ
クします。

「Windowsの機能の有効化または無効化」をクリック

[2] 以下の画面が表示されるので、その中の「Windows ハイパーバイザープラットフォー
ム」と「仮想マシンプラットフォーム」にチェックを入れ、「OK」をクリックします。

「Windows ハイパーバイザープラットフォーム」と「仮想マシンプラットフォーム」を選択して、
「OK」をクリック

[3] これで、処理が完了後、再起動すればOKです。

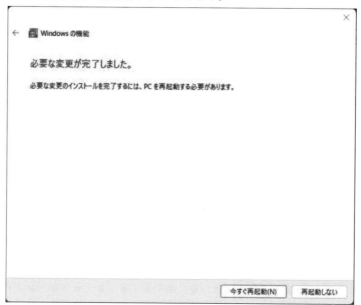

再起動する

■「Android Subsystem」が使用可能に

これでスタートメニューに「Windows Subsystem for Android」が追加され、使用可能となります。

スタートメニューに「Windows Subsystem for Android」が追加される

　ただし、この記事の方法では「Amazon App Store」は使えないので、アプリの追加は
「APK」を拾ってきて導入する必要があります。

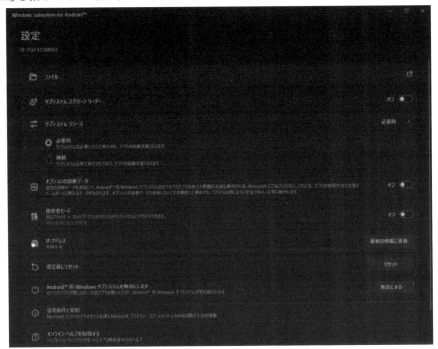

「Amazon App Store」は使用できない

　「APK」のインストール方法は、**次節[4-2]**で紹介しています。

4-2 「WSA」にAPKをインストールする

「Windows11 InsiderPreview」で、「Androidエミュレータ」が使えるようになりましたが、基本的に、インストールが可能なのは「Amazon AppStore」の一部のアプリに限られています。

しかし、「エミュレータ」とはいえ「Android」なので、当然、「APK」のインストールも可能となっています。

今節では、その方法を紹介します。

筆 者	SMART ASW運営者
サイト名	SMART ASW
URL	https://smartasw.com/archives/13868
記事名	「Windows 11のAndroid SubsystemにAPKをインストールする方法」

■ADBコマンド

今回の手順では、「ADBコマンド」を使って、「APK」のインストールを行ないます。このため、パソコンで「ADB」を使えるようにしておく必要があります。

■APKのインストール手順

手 順	APKをインストールする

[1]開発者モードを有効化する。

「Windows11」の「スタートメニュー」から、「Windows Subsystem for Android」をクリックします。

「Windows Subsystem for Android」をクリック

設定画面が表示されるので、「開発者モード」をオンにします。

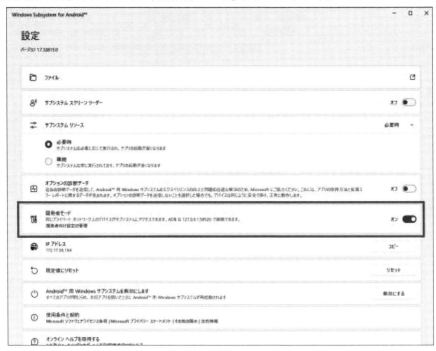

「開発者モード」をオン

これですぐ下に「IPアドレス」が表示されるので、「コピー」をクリックします。

「コピー」をクリック

Column IPアドレスが「利用不可」となっている場合

IPアドレスが「利用不可」となっている場合には、適当なアプリ（「Amazon App Store」など）を起動してから、再度この画面を表示してみてください。

IPアドレスが「利用不可」と表示される

[2] LAN経由でADB接続する。

「スタートボタン」を右クリックし、「Windowsターミナル」を起動します。

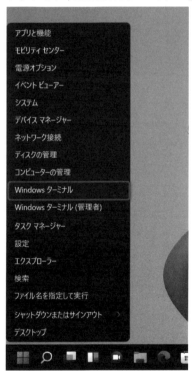

「Windowsターミナル」を起動

起動したら、以下のコマンドを入力し、最後に「スペース」を一つ入れて、先ほどの「IPアドレス」を貼り付けます。

```
adb connect
```

実際に実行すると、以下のように「connected ~」と表示されます。

実行結果

[3]「ADBコマンド」でインストール。

ここまでくれば、通常の「ADBコマンド」でOKです。

以下のコマンドを入力して、最後に「スペース」を入れた後に、インストールしたい「APK」をドラッグ＆ドロップします。

```
adb install
```

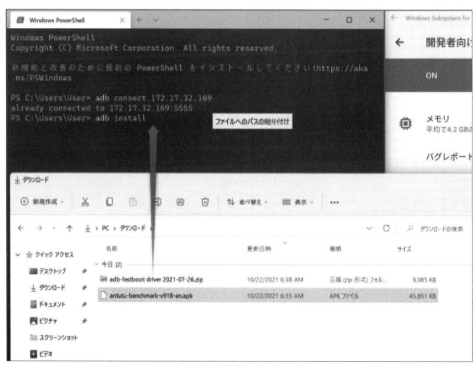

インストールしたいAPKをドラッグ＆ドロップ

これを「Enter」で実行すれば「インストール」が実行されます。

＊

「インストール」が完了していれば、「スタートメニュー」に表示されます。

インストールした「APK」が「スタートメニュー」に表示される

もちろん正常に動作します。

問題なく機能する

■「ストアアプリ」を導入すれば、単体でアプリ追加が可能に

　「Android」の「ストアアプリ」である「APKPure」「Aurora Store」「YalpStore」などをインストールしてしまえば、あとは「Subsystem」単体でアプリの追加が可能となります。

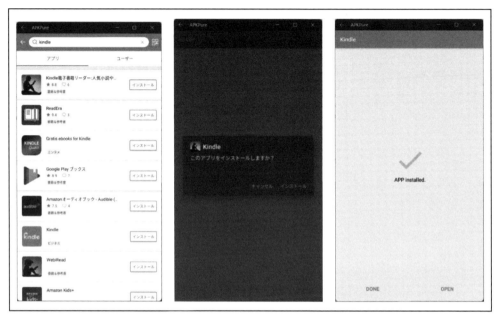

「Subsystem」だけで「アプリ」をダウンロードできる

　ほかにも、「Chrome」などのブラウザを導入して、そこから「APK」をインストールすることも可能です。

　現時点ではクラッシュしてしまうアプリも多く、実用にはほど遠いのですが、同じくAndroidアプリが動作する「Chromebook」の存在価値が揺らぎそうです。

■「GooglePlay」は「APK」の導入だけでは動作しない

　「Fireタブレット」などではGoogleサービスを「APK」でインストールするだけで動作しますが、「Android Subsytem」ではクラッシュしてしまい、動作しません。

　ただ、手間こそかかるものの、**次節[4-3]**の方法で導入が可能です。

4-3 「WSA」に「GooglePlay」を導入する方法

「Windows11 Android Subsystem」に、早くも「Gapps」を導入する方法が出てきたので、紹介します。

正確に言うと、"「Gapps」を導入した「Android Subsystem」をインストールする"というのが正しいです。

＊

やや手順が面倒な上、「Windows Subsystem for Android」(WSA) 自体がまだ不安定なので、あまりオススメはしません。

自己責任で行なってください。

しかし、実際に「Windows11」上でネイティブにGoogleアプリが動くのは、けっこう感動です。

＊

一応、手順は何も考えずに、順番に行なえば導入できるように簡単にしています。

この方法で導入した「Windows Subsystem for Android」は、「署名」を削除して導入するため、「Microsoft Store」でのアップデートができず、「アップデート」を「手動」で導入する必要があるので、注意してください。

筆　者	SMART ASW運営者
サイト名	SMART ASW
URL	https://smartasw.com/archives/13905
記事名	「Windows11 Subsystem for Android に「GooglePlay」を導入する方法」

■事前準備

●必要なソフト

以下のソフトを「Microsoft Store」から導入しておきます。

・Ubuntu (Windows Subsystem for Linux)

●ダウンロードするファイル

GitHub - WSA-Community/WSAGAScript: Scripts to install Google Apps into a WSA image. Plus optional root
https://github.com/WSA-Community/WSAGAScript

上記ファイルをダウンロードしておく

Tips すでに導入済みの場合はアンインストール

　今回の手順では、「Android Subsytem」自体を置き換える必要があるため、すでにインストールしている場合は、一度アンインストールが必要です。

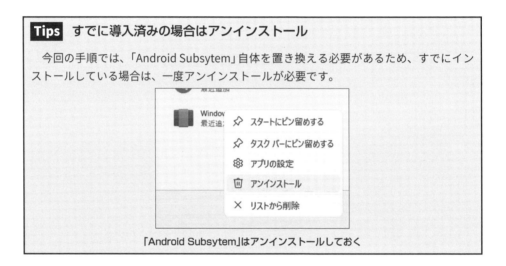

「Android Subsytem」はアンインストールしておく

●「Windows Subsystem for Android」のパッケージを取得

前々節[4-1]と同じ方法でパッケージをダウンロードします。

■ファイルの整理

手　順 ファイルの整理

[1] 「Cドライブ」直下にフォルダを2つ作成。
「Cドライブ」でフォルダを2つ作ります。
場所は本来どこでもいいのですが、このほうが後々楽です。
　　　　　　　　　　　　　＊
「フォルダ名」は、「Android」「GAppsWSA」としておきます。

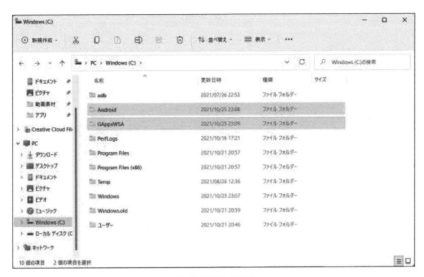

フォルダを2つ作る

[2] パッケージを展開。

　先ほどダウンロードした「Android Subsystem」のパッケージを展開します。

　このパッケージは「.Msixbundle」という特殊な形式となっていますが、「7-zip」などで普通に開けます。

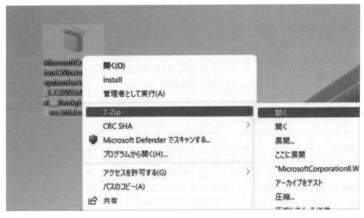

「Android Subsystem」のパッケージを展開

　中に60個程度のファイルがありますが、その中で、「WsaPackage_1.7.32815.0_x64_Release-Nightly」というようなファイルを探して開きます。

　「7-zip」ならそのままダブルクリックでOK。

「WsaPackage_1.7.32815.0_x64_Release-Nightly」を開く

※まだあまりいないと思いますが、ARM版Windows11の方は「ARM64」となっているものを開きます。

開いて出てきたファイルを、すべて、「Android」フォルダにコピーします。

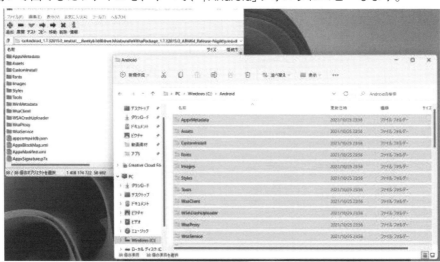

ファイルを「Android」フォルダにコピー

[3] 不要なファイル3つを削除。

「Android」フォルダ内から、以下の3つのファイルを削除します。

・[Content_Types].xml
・AppxBlockMap.xml
・AppxSignature.p7x

不要なファイルを削除

[4] 「WSAGAScript」を別のフォルダにコピー。

　最初にダウンロードしておいた「WSAGAScript-main.zip」の中身を、「GAppsWSA」フォルダに展開します。

　zipファイルの中にフォルダが入っているので、その中身を「GApps」フォルダにコピー。

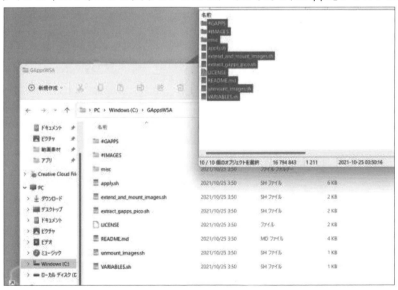

「WSAGAScript」を「GApps」フォルダにコピー

[5] 「OpenGApps」をダウンロード。

　「カスタムROMユーザー」を使ったことのある方ならおなじみの、「OpenGApps」を
ダウンロードします。

　以下のリンクにアクセス。

The Open GApps Project https://opengapps.org/

　ページを開いたら、以下のように「x86_64」→「11.0」→「pico」の順に選択し、ダウンロー
ドボタンをクリック。

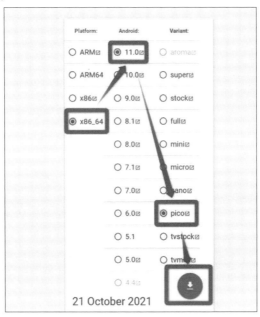

ダウンロードボタンをクリック

　これでダウンロードされます。

「OpenGApps」をダウンロード

[6]「OpenGApps」を移動

ダウンロードした「Gapps」を、先ほどの「GAppsWSA」フォルダ内の「#GAPPS」にコピーします。

「Gapps」を「#GAPPS」にコピー

[7]「.imgファイル」×4を移動

「Android」フォルダ内にある、以下のイメージファイルを移動します。

・product.img
・system.img
・system_ext.img
・vendor.img

移動先は、「GAppsWSA」→「#IMAGES」の中です。

イメージファイル×4を「#IMAGES」に移動

■WSL版Ubuntuで「Gapps」を適用する

●Ubuntu(WSL)を起動

WSLの「Ubuntu」を起動します。

WSL版Ubuntuを起動

初回起動の場合は「ユーザー名」と「パスワード」の設定を求められるので、適当に設定しておきます。

「ユーザー名」と「パスワード」は適当に設定

「The Windows Subsystem for Linux optional component is not enabled.」と表示されて起動しない場合は、「WSL Preview」をインストール後に、再度Ubuntuを起動してみてください。

■コマンドを実行

以下のコマンドを順番にコピーして実行します。

なお、貼り付けは、右クリックで行なえます。

・必要なツールの導入

```
sudo apt-get update
sudo apt-get install unzip lzip
```

・作業ディレクトリに移動

```
cd /mnt/c/GAppsWSA/
```

・権限を付与

```
sudo chmod +x extract_gapps_pico.sh
sudo chmod +x extend_and_mount_images.sh
sudo chmod +x apply.sh
sudo chmod +x unmount_images.sh
```

・「Gapps」の展開

```
sudo ./extract_gapps_pico.sh
```

```
user@DESKTOP-JGB2US5:/mnt/c/GAppsWSA$ sudo ./extract_gapps_pico.sh
Unzipping OpenGApps
Extracting Core Google Apps
Extracting Google Apps
Deleting duplicates & conflicting apps
Merging folders
Merging subfolders
Post merge operation
Deleting temporary files
!! GApps folder ready !!
```

「Gapps」の展開

・イメージのマウント

```
sudo ./extend_and_mount_images.sh
```

イメージのマウント

・「Gapps」の適用

```
sudo ./apply.sh
```

「Gapps」の適用

イメージのアンマウント

```
sudo ./unmount_images.sh
```

イメージのアンマウント

●イメージを戻す

これでイメージファイルに「Gapps」の導入が完了したので、これを元の場所に戻します。

「#IMAGES」内のイメージファイルを、もともとイメージがあった「Android」フォルダに戻します。

イメージファイルを「Android」フォルダに戻す

■Windowsにインストール

手 順 「Gapps」を導入した「Android Subsystem」をインストール

[1] 開発者モードをON。

　署名を削除したアプリを導入するため、「開発者モード」を有効化する必要があります。
「Insider Preview」のDev版を使っている場合は、デフォルトでONになっています。

　「設定」から「開発者モード」と検索して、「開発者向け設定」をクリック。

「開発者向け設定」をクリック

　その中の、「開発者用モード」という項目を有効化します。

プライバシーとセキュリティ ＞ **開発者向け**

これらの設定は開発目的での使用のみを意図しています。
詳細情報

開発者用モード

圧縮されていないファイルも含め、任意のソースからのアプリをインストールします。

●○ オン

デバイス ポータル

ローカル エリア ネットワーク接続を介したリモート診断を有効にします。

○● オフ

デバイスの検出

デバイスが USB 接続とローカル ネットワークに表示されるようにします。

「開発者用モード」を有効化

[2]コマンドでインストール。

　スタートボタンを右クリックし、「Windows ターミナル(管理者)」をクリックします。

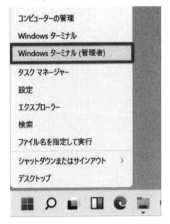

「Windows ターミナル(管理者)」をクリック

　Windowsターミナルが起動したら、以下のコマンドを実行すればインストールが開始されます。

```
Add-AppxPackage -Register C:/Android/AppxManifest.xml
```

＊

以下の画面になれば、導入が完了しているはずです。

わりとすぐに終わります。

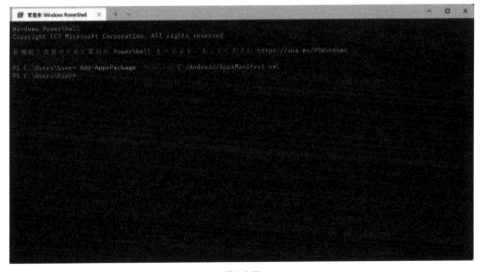

導入完了

＊

　これで、スタートメニューに「Windows Subsystem for Android」が追加されていれば、OKです。

成功なら「Windows Subsystem for Android」が追加される

これを起動すると、以下のように正常に起動します。

なお、この手順では設定画面が「英語」になってしまいますが、Androidは「日本語」で使えます。

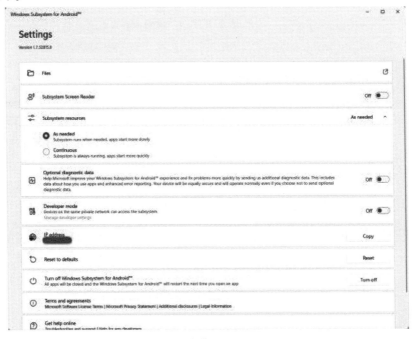

起動画面

●一度Androidを起動すると「GooglePlay」が追加される

「Files」をクリックして「Android Subsystem」を起動してみます。

「Android Subsystem」を起動

すると、右下に「GooglePlay」の通知が表示されました。

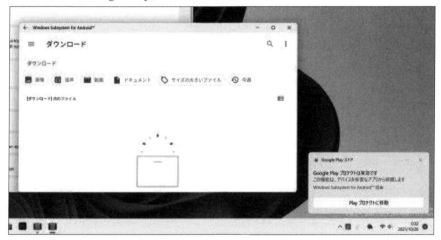

「GooglePlay」の通知が表示された

この状態になれば、すでにスタートメニューにも追加されているはずです。

スタートメニューに「Playストア」が追加された

■ログイン、アプリ追加も問題なし

Googleアカウントへのログインも問題なく行なえて、アプリの追加もOK。

ログインもアプリの追加も問題なし

GooglePlayで「YouTube」をインストールすると、すぐにスタートメニューに追加されました。

スタートメニューにも追加される

もちろん、YouTubeアプリもログイン可能で普通に動作します。

YouTubeアプリもログイン可能

●「Playプロテクト」は当然非認証

強引に入れたので当然ですが、「Playプロテクト」は非認証。
「Netflix」など一部アプリは検索しても出てきません。

Playプロテクトは非認証

出てこないアプリは「APK」で導入しましょう。

第5章

「Windows11」の操作方法

この章では「Windows11」の各機能の基本的な操作方法を、実際の「Windows11」の環境をもとに解説します。

5-1　「Windows11」の基本的な使い方

「Windows11」は、セキュリティの強化とともに、UIの変更にも大きく手を加えています。

過去のWindowsアップグレードでもお馴染みのUIや操作感が一新されたことは多くありましたが、新しい環境には早く慣れたいものです。

この節では、「Windows11」の「UIの変更点」や「基本的な操作」などを紹介します。

筆　者	当真　毅
サイト名	Windows情報とトラブル解決
URL	https://webs-studio.jp/?p=4864
記事名	「Windows11のレビュー！基本的な使い方などを紹介します！」

■UIの大きな変更点

●タスクバー

「タスクバー」に並ぶアイコンは、従来の「左揃え」から「中央揃え」になりました。

左側にあった「スタートメニュー」もアイコンの一部として並んでいます。

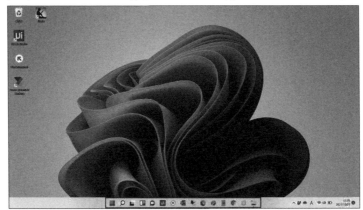

「タスクバー」が中央揃えに

手 順	従来の「左揃え」にする方法

[1] タスクバーの何もない箇所で右クリックし、「タスクバーの設定」をクリック

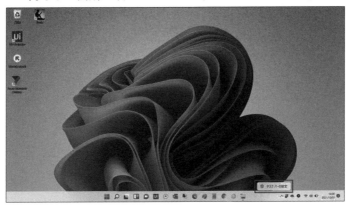

「タスクバーの設定」をクリック

[2] 「タスクバーの動作」をクリック

「タスクバーの動作」をクリック

[3] 「タスクバーの配置」で「左揃え」を選択

「左揃え」を選択

●スタートメニュー

デフォルトでは、「タスクバー」のいちばん左に「スタートメニュー」が配置されています。

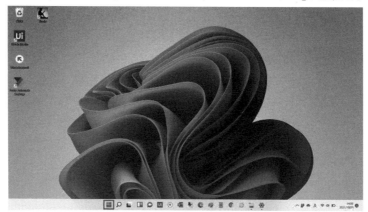

「スタートメニュー」は「タスクバー」の左端

ここに表示されているのは、「スタートメニュー」にピン留めされているアプリです。

「スタートメニュー」のクリック後

「すべてのアプリ」をクリックすると、

「すべてのアプリ」をクリック

「アプリ一覧」が表示されます。

アプリ一覧

アプリで右クリックすることで、スタートに「ピン留め」が可能です。

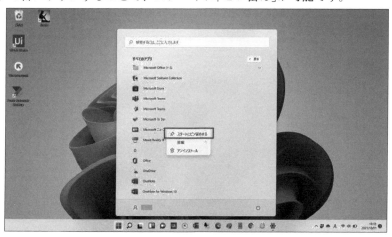

アプリはスタートに「ピン留め」できる

●基本アイコン

「ダウンロード」や「ドキュメント」「ピクチャ」などの、「デフォルトフォルダ」のアイコンが一新されました。

分かりやすいと思います。

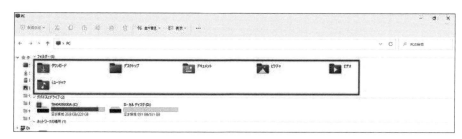

「デフォルトフォルダ」のアイコンが変更された

●検索機能

デフォルトでは、「タスクバー」の左から2番目に「検索アイコン」が配置されています。

「検索アイコン」は「タスクバー」の左から2番目

「検索ウィンドウ」が表示される

●フォルダ表示

フォルダ表示も大きく変わりました。

フォルダ上部の「メニュー」は「リボン表示」ではなく、シンプルな表示です。

他にも大きな変更が加えられており、「ファイルの切り取り」「コピー」「名前の変更」なども、フォルダ上部のメニューで行ないます。

これは違和感がありますね。

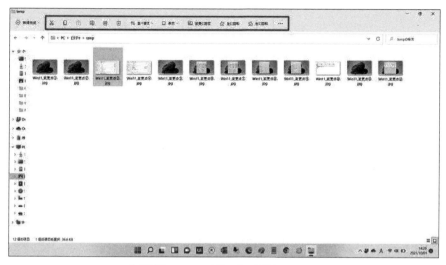

フォルダ上部のメニューが「リボン表示」ではなくなった

「フォルダ・メニュー」の右側の「…」をクリックすると、「ZIPに圧縮」「パスのコピー」「プロパティ」などが選択できるようになります。

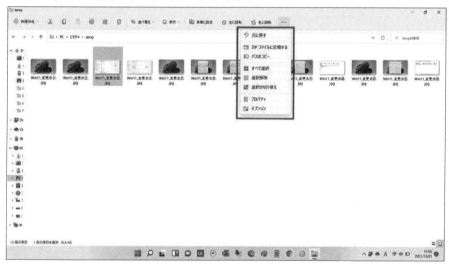

「ZIPに圧縮」「パスのコピー」「プロパティ」などは「…」から選択

■基本操作

ここでは、「Windows10」から操作感が大きく変わった箇所を紹介していきます。

●右クリック

ファイルなどの上で右クリックした場合の表示が変わりました。

「フォルダ・メニュー」で並んでいた項目が表示されます。

なお、右クリックで最も多いと思われる用途の「切り取り」「コピー」「削除」などは、「ドロップダウン・メニュー」の上段にアイコンで表示されています(内側の枠の箇所)。

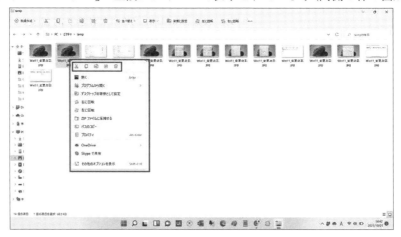

「フォルダ・メニュー」で並んでいた項目が表示される

●従来の形式で表示

「その他のオプションを表示」をクリックすると、

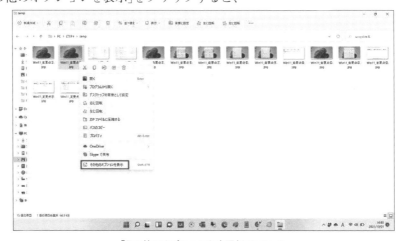

「その他のオプションを表示」をクリック

従来の「メニュー形式」で表示されます。

今までと同じメニュー形式になる

●「タスクマネージャー」「設定」「エクスプローラ」など

「タスクマネージャー」や「設定」「エクスプローラ」などは、「スタートメニュー」を右クリックすることで選択できます。

これは慣れれば使いやすいかもしれません。

「タスクマネージャー」や「設定」「エクスプローラ」は、「スタートメニュー」から選択可能

●コントロールパネル

「Windows10」のリリース直後にも「場所が分かりにくい」と不評を得た「コントロールパネル」。

表示する方法は何通りもあるのですが、すでに説明した「検索」で探すのが最も効率的だと思います。

コントロールパネルは「検索」で探す

> 正式な場所
> スタートメニュー　→　すべてのアプリ　→　Windows ツール　→　コントロールパネル

●「壁紙」の設定

「壁紙の設定」は簡単になりました。

該当の「写真ファイル」がフォルダに格納されていれば、「フォルダ・メニュー」の「背景に設定」をクリックするだけで設定できます。

その他、写真ファイルを右クリックした際に表示される「ドロップダウン・メニュー」からでも設定できます。

壁紙の設定は簡略化された

●「シャット・ダウン」や「再起動」

「シャット・ダウン」や「再起動」は、スタートメニューを「右クリック」、または「左クリック」することで行なえます。

「左クリック」の場合

「右クリック」の場合

●デスクトップに「アプリのショートカット」を配置

デスクトップへの「アプリのショートカット」の配置は、「すべてのアプリ」から任意の「アプリ」をドラッグ＆ドロップすることで行なえます。

「アプリ」を「右クリック」しても、デスクトップにショートカットを配置するメニューは表示されないので、この方法しかないようです。

「ドラッグ＆ドロップ」でショートカットを配置できる

「スタートメニュー」にピン留めされているアプリをドラッグすると、「禁止マーク」が表示されて、操作が無効になります。

「スタートメニュー」からは「ショートカット」を配置できない

5-2 「ウィジェット機能」の活用方法

「Windows11」の新機能の一つが、デスクトップ上で「最新のニュース」や「天気予報」など、カスタマイズされた情報がすぐに確認できる、「**ウィジェット機能**」です。

過去のいくつかのWindowsでも提供されていた「ウィジェット機能」ですが、「Windows11」で復活していて、リリース時点で標準搭載されています。

「Windows10」でも、2021年5月のアップデートで「ニュースと関心事項」という機能が搭載されましたが、今回の「Windows11」の「ウィジェット機能」も、それに近いものとなります。

この節では、「Windows11」の「ウィジェット機能」を活用するためのカスタマイズ方法などについて説明します。

筆　者	当真　毅
サイト名	Windows情報とトラブル解決
URL	https://webs-studio.jp/?p=5293
記事名	「Windows11のウィジェット活用方法！最新のニュースや天気予報」

■ウィジェット

●表示のさせ方

「タスクバー」にある「ウィジェット」のアイコンをクリックします。

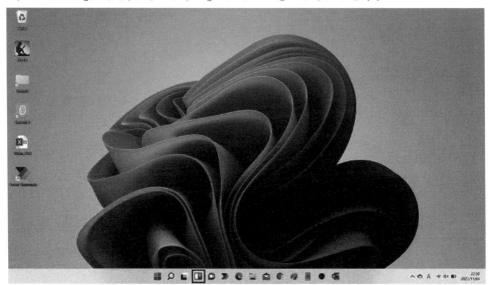

「ウィジェット」のアイコンをクリック

＊
ウィジェットでは「天気予報」や「ニュース」などが表示されます。

天気予報

ニュース

■情報のカスタマイズ方法

　ウィジェット内には、「Outlook カレンダー」や「ToDo リスト」「エンターテインメント/スポーツ情報」「天気」などの情報が表示されます。

　それぞれ、「表示/非表示」を切り替える場合には、下記のように設定します。

手　順　ウィジェットの「追加/削除」

[1] ウィジェット内の右上のアイコンをクリックする。

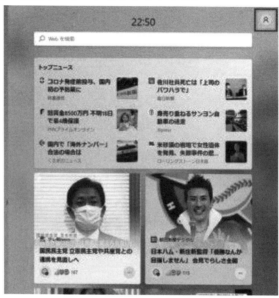

右上のアイコンをクリック

[2] ウィジェットの「追加」や「削除」ができる。

ウィジェットの設定画面が開く

●天気予報

「ウィジェット」で表示される天気予報の「地域」を設定できます。

手　順　天気予報の「地域」を設定する

[1] 「天気ウィジェット」の右上の「…」をクリック

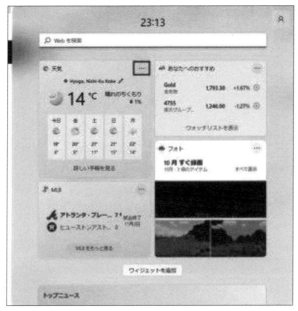

「…」をクリック

[2] 「ウィジェットのカスタマイズ」をクリックする

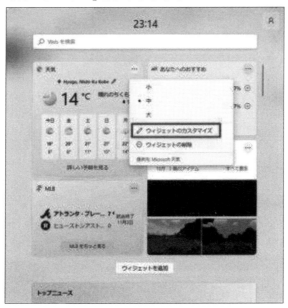

「ウィジェットのカスタマイズ」をクリックする

[3]「対象地域情報」を登録する

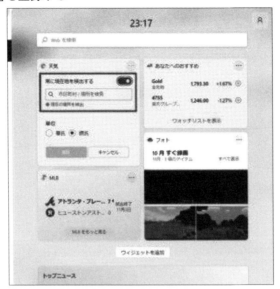

「対象地域」の情報を登録

■非表示にする方法

　最新の情報がすぐに確認できる「ウィジェット」でも、会社でプレゼンする場合や、会議時などで大型モニタに映写する場合に、不意に「ウィジェット」が表示されると困ることもあります。

　特に「ウィジェット」の「フォト」では、パソコン内の写真が表示されてしまいます。

　そのようなシーンでは、下記のように設定することで、「ウィジェット機能」を「OFF」にできるので、紹介しておきます。

手　順　「ウィジェット」を「非表示」にする

[1]「タスクバー」上で右クリックし、「タスクバーの設定」をクリックする。

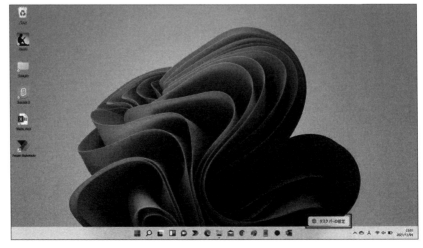

「タスクバーの設定」をクリック

[2]個人用設定の「ウィジェット」のトグルスイッチを「OFF」にする

個人用設定 ＞ タスク バー

タスク バー項目
タスク バーに表示されるボタンを表示または非表示にする

🔍 検索	オン	●
🖿 タスク ビュー	オン	●
▢ ウィジェット	オン	●
💬 チャット	オン	●

タスク バーのコーナー アイコン
タスク バーの隅に表示されるアイコンの表示/非表示を切り替えます

🖊 [ペン] メニュー ペンが使用中のときにペン メニュー アイコンを表示する	オフ	●
⌨ タッチ キーボード タッチ キーボード アイコンを常に表示する	オフ	●
🖲 仮想タッチパッド 仮想タッチパッド アイコンを常に表示する	オフ	●

タスク バー コーナーのオーバーフロー
タスク バーの隅に表示するアイコンを選択します。他のすべてのアイコンは、タスク バーの隅のオーバーフロー メニューに表示されます

タスク バーの動作

「ウィジェット」を「OFF」にする

　トグルスイッチを「OFF」にすると、「タスクバー」からウィジェットのアイコンが消えます。

　また表示させたい場合には、同手順でトグルスイッチを「ON」にしてください。

5-3 「デスクトップ」に「ショートカット」を作る

　パソコンの作業で、毎日のように使う「ファイル」や「フォルダ」、「アプリ」に関しては、デスクトップに「ショートカット」を作ることが多いと思います。

　Microsoftは、基本的に「タスクバー」や「スタートメニュー」を使うことを推奨していると思いますが、パソコンの使い方の習慣は、なかなか変えられないもの。

　デスクトップが「ショートカット」だらけになるのも考えものですが、やはり個人的に使いやすい環境であれば、無理に変える必要はないでしょう。

　ここでは、「Windows11」でデスクトップに「ファイル」や「フォルダ」、「アプリ」のショートカットを作る方法を説明します。

筆　者	当真　毅
サイト名	Windows情報とトラブル解決
URL	https://webs-studio.jp/?p=4928
記事名	「Windows11でデスクトップにショートカットを作成（フォルダ・アプリ）」

■デスクトップに「ショートカット」を作る

●「ファイル」「フォルダ」のショートカット

　ここでは、「フォルダ」のショートカットを作る手順で説明しますが、「ファイル」（「画像」「エクセル」など）の場合も、操作は同様です。

手　順　「フォルダ」のショートカットを作る

[1]「ショートカット」を作りたい「フォルダ」を選ぶ。

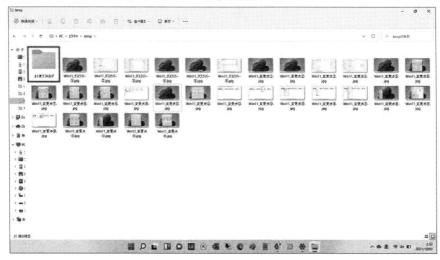

「ショートカット」を作りたい「フォルダ」

[2] 該当のフォルダ上で右クリックし、「その他のオプションを表示」をクリックする。

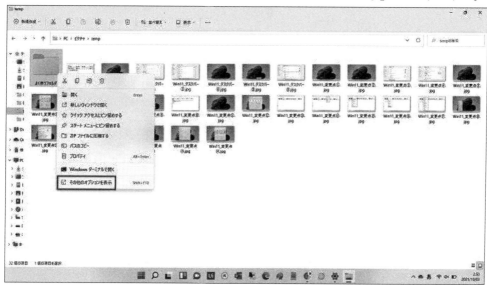

「その他のオプションを表示」をクリック

　この「ドロップダウン・メニュー」からは、「クイック・アクセス」や「スタートメニュー」へのピン留めは、すぐにできます。

　このことから、Micorsoftは、「デスクトップ」に「ショートカット」を作るのではなく、それらの機能を活用することを推奨していることが読み取れます。

[3] 「ショートカットの作成」をクリックする。

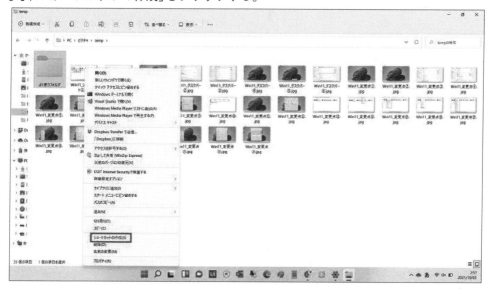

「ショートカットの作成」をクリック

[4] 作業中のフォルダ内にショートカットが作られるため、切り取ってデスクトップに貼り付ける。

ショートカットを切り取ってデスクトップに貼り付ける

以上の操作で、ファイルやフォルダの「ショートカット」をデスクトップに作成できます。

●アプリのショートカット

手 順 アプリのショートカットを作る

[1]「スタートメニュー」をクリックする。

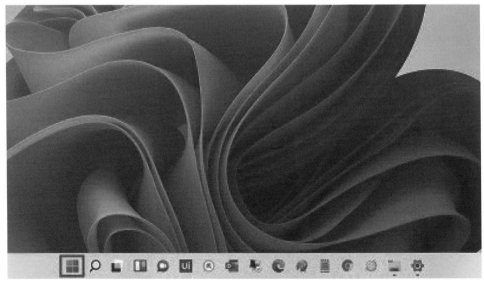

「スタートメニュー」をクリック

[2]「すべてのアプリ」をクリックする。

「すべてのアプリ」をクリック

[3] ショートカットを作りたい「アプリ」を、デスクトップへドラッグ＆ドロップする。

デスクトップへドラッグ＆ドロップ

以上の操作で、アプリの「ショートカット」をデスクトップに作れます。

5-4 「Windows11」で「IEモード」を使う方法

　Microsoftの最新OSである「Windows11」からは、従来は存在したいくつかの機能やソフトウェアが廃止されていますが、「Internet Explorer」もその中の一つです。

　中には「IE」が使えなくなることで、支障がある場合もあるでしょう。

　この記事では、「IE」に代わる「Edge」に搭載された、「IEモード」の使い方を、画像付きで解説します。

　記事の最後で紹介していますが、すべてのWebページが「IEモード」で閲覧できるとは限りません。

筆　者	当真　毅
サイト名	Windows情報とトラブル解決
URL	https://webs-studio.jp/?p=4842
記事名	「Windows11でIEモードを使う方法をWin11環境で解説」

■「Windows11」で「IEモード」を使う方法

　筆者は「Windows10」のパソコンから「Windows11」へアップデートしたのですが、IEのアプリ自体は移行されていました。

　ただし、アイコンをクリックしても起動するのは「Edge」です。

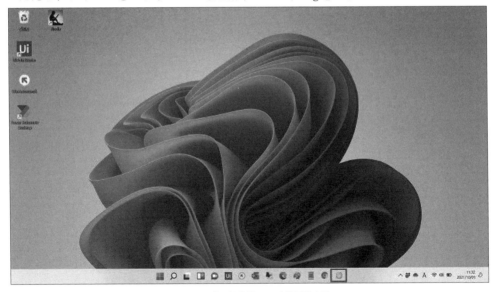

アイコンは「IE」だが「Edge」が起動する

手 順 「IEモード」の設定

[1] Edge の右上の「…」をクリックする。

「…」をクリック

[2] 「設定」のアイコンをクリックする。

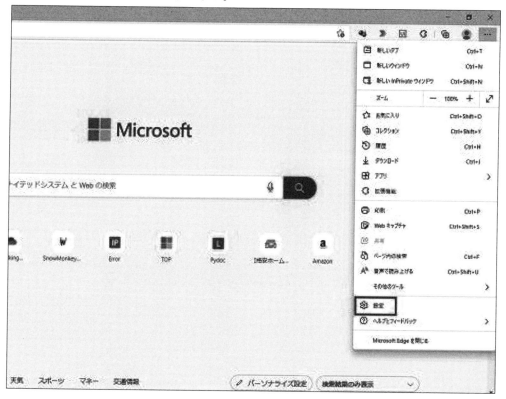

「設定」をクリック

[3]「既存のブラウザ」をクリックする。

「既存のブラウザ」をクリック

[4] 枠内の箇所が、「互換性のないサイトのみ（推奨）」になっていることを確認する（なっていなければ選択する）。

「互換性のないサイトのみ（推奨）」になっていることを確認

[5] 「再読み込みを許可」の箇所は「許可」を選ぶ。

「許可」を選択する

[6] 「再起動」のボタンが現われるので、ボタンをクリックする。
この再起動は、「パソコンの再起動」ではなく「Edgeの再起動」です。
数秒で終わります。

「再起動」のボタンをクリック

[7] 「Internet Explorer モードページ」の項目で「追加」をクリックする。

「追加」をクリック

[8] 「IEモード」で起動する必要があるページの「URL」を登録する。

URLを登録

[9] 登録した「URL」が表示される。

登録完了

　Microsoftは、「Edgeへの移行」を強く推奨しています。

　そのため、「IEモード」の設定についても、30日間という条件を設定しています(期限が切れても、再登録は可能です)。

＊

　登録したURLに「Edge」からアクセスすると、「IEモード」で起動します(URLバーのアイコンで確認可能)。

　以上の設定で、「Edge」の「IEモード」を使ってWebページを閲覧できますが、画像のように、Webサイト自体が「IE」に対応していなければ表示することはできません。

　筆者のサイト(webs-studio.jp)も、「IEモード」では「表示不可」です。

IEに対応しているサイトでなければ、「IEモード」で表示できない

5-5 「タスクバー」に並ぶアイコンを「左寄せ」にする

「Windows11」で大きく変わった変更点の一つに、画面下部に表示される「タスクバー」の、"見た目"が挙げられます。

従来のWindowsではすべて「左揃え」となっていたのですが、「Windows11」のデフォルト設定では「中央揃え」になっています。

新しい表示方法に慣れるのもいいのですが、長年Windowsを使ってきたユーザーにとっては、大きな違和感があるでしょう。

日々使うパソコンなので、ストレスのないようにカスタマイズして使ってもいいですね。

この節では「Windows11」の「タスクバー」に並ぶアイコンを「左寄せ」にする方法を説明します。

筆 者	当真 毅
サイト名	Windows情報とトラブル解決
URL	https://webs-studio.jp/?p=4918
記事名	「Windows11のタスクバーに並ぶアイコンを左寄せにする方法」

■「Windows11」のタスクバー

デフォルトでは図のように「タスクバー」にピン留めされたアプリが中央に揃えられています。

デフォルトではアプリが「中央揃え」

●表示数は増加

「Windows10」と比較しても、「タスクバー」のアイコンの表示数は増えています。
たくさんのアプリを起動していても、おおむね表示される程度の余裕があります。

20以上のアプリでも表示可能

■タスクバーを「左寄せ」にする方法

手 順 タスクバーを「左寄せ」にする

[1] 「タスクバー」上の余白箇所で右クリックし、「タスクバーの設定」をクリックする。

「タスクバーの設定」をクリック

[2] 「タスクバーの動作」をクリックする。

「タスクバーの動作」をクリック

[3]「タスクバーの配置」から「左揃え」をクリックする。

「左揃え」をクリック

＊

以上の設定で、「タスクバー」のアイコンが「左揃え」になります。

■タスクバーの「位置変更」（横に表示したい）

「Windows10」では、タスクバーを「左サイド」や「右サイド」に配置しているユーザーをときどき見掛けましたが、現時点で「Windows11」に同機能は備わっていないようです。

筆者は、下に表示して使っていたので支障はありませんが、横に配置したいユーザーにとっては、残念な仕様変更ですね。

■タスクバーを自動的に隠したい

マウスをホバーしたときにのみ「タスクバー」を表示して通常は隠す設定は、「Windows11」でも可能です。
前記の「タスクバーの設定」項目内で設定できます。

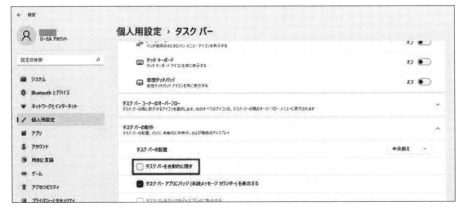

ここのチェックボックスにチェックを入れる

■「タスクバー右側」のエリア（「時計」などの表示箇所）

「タスクバー右側」のエリアにアイコンを表示するアプリも選択可能です。
前記の「タスクバーの設定」項目内で設定できます。

枠内のエリアにアイコンを表示する

アプリごとに表示の「オン／オフ」が可能

　この設定項目については、動作が不安定のようです。
　「Bluetooth」のアイコンが「エクスプローラ」と表示されていたり、オンにしたにも拘わらず、実際の「タスクバー右側」には表示されないケースもありました。

■タスクバーの「ピン留め」を外す(非表示)

タスクバーに「表示」(ピン留め)されているアプリは、該当のアプリ上で右クリックすることで、「非表示」(ピン留めを外す)にできます。

ただし、デフォルトで表示されている「検索」「タスクビュー」「ウィジェット」「チャット」については、「タスクバーの設定」から設定を変更する必要があります。

「メモ帳」の例。アイコン上で右クリック

●検索、タスクビュー、ウィジェット、チャット

タスクバーの設定項目内で「オン/オフ」を切り替えます。

設定項目内で「オン/オフ」を切り替える

*

「スタートメニュー」を「非表示に」することはできません。

5-6 「ディスプレイ(画面)の明るさ」を適正に調整する

　パソコンで長時間作業をするときには、画面の明るさを適正に保たなければ、目の負担が高くなってしまい、疲労感も増してしまいます。

　画面の明るさは、基本的に作業環境に合わせて調整するものなので、設定方法は覚えておきましょう。

　この節では、「Windows11」の画面の明るさを調整する方法を解説します。

筆　者	当真　毅
サイト名	Windows情報とトラブル解決
URL	https://webs-studio.jp/?p=5074
記事名	「Windows11｜ディスプレイ(画面)の明るさを適正に調整しよう」

■「画面の明るさ」を調整する方法

手　順　「明るさ」を調整する

[1] デスクトップの何もない箇所で右クリックする。

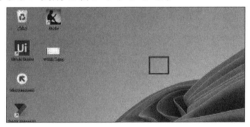

何もない箇所で右クリック

[2] 「ディスプレイ設定」をクリックする。

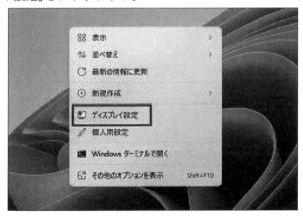

「ディスプレイ設定」をクリック

[3] 明るさのバーで調整できる（左から右に向けて明るくなる）。

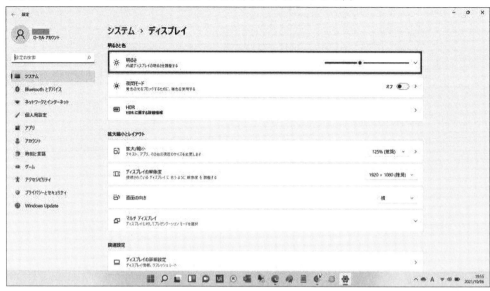

バーで明るさを調節

*

「右のプルダウン・アイコン」をクリックすると、「明るさ自動調整」の項目があります。

「プルダウン・アイコン」をクリック

ここにチェックをつけていると、画面の明るさが自動調整されます。

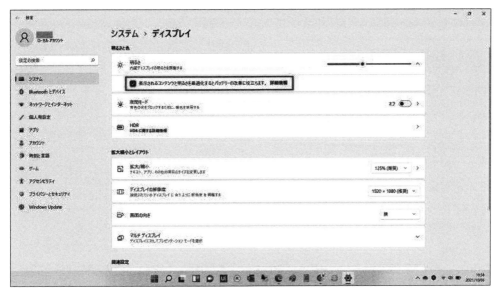

画面の明るさが自動調整される

　パソコンによっては、たとえば動画を再生しているときに、暗いシーンが続くと、自動的に明るさをUPさせる機能もあります。

　なお、この項目は「ノートパソコン」や「タブレット型パソコン」の項目であり、「デスクトップ型パソコン」にはありません。

　「デスクトップ型パソコン」であれば、「モニタ側」で明るさを調整することになります。

索　引

数字・記号順

.Msixbundle	63
2 ペイン表示	11
32bit 版	14
9P3395VX91NR	62

アルファベット順

《A》

ADB コマンド	69
Amazon App Store	27,68
Android	15
Android アプリ	14,27
Android アプリの実行	14
APKPure	74
APK をインストールする	69
ARM 版 Windows11	78
ARM64	78
Aurora Store	74

《B》

BIOS 画面の起動方法	18
BIOS 設定	18
BitLocker	16
BTO パソコン	50

《C》

Core i5	50
Cortana	14

《D》

DLL パッチ	31

《E》

Edge	112

《F》

FireFox	28

《G》

Gapps	75
Google Chrome	24
Google Play	27,75,89

《H》

Hyper-V	66

《I》

IE	112
IE モード	112,117
IE モードの設定	113
Insider Preview	86
Internet Explorer	14,24,112
iOS	15
IP アドレス	70
IP アドレスが「利用不可」となっている場合	71

《M》

Microsoft Edge	24
Microsoft Office2013	24
Microsoft Teams	13
Microsoft365	50
Microsoft365 アカウント	50

《O》

OpenGApps	80,81
Opera	28
Outlook カレンダー	104

《P》

PCIe NVMe M.2 SSD	50
PC 正常性チェックアプリ	8,9
Play プロテクト	91
Productid	62

《T》

ToDo リスト	104
TPM	15
TPM2.0	15
TPM2.0 の確認方法	16
TPM の有効化	18
Trusted Platform Module	15

《U》

Ubuntu	75
URL（link）	62

《W》

Web ブラウザ	27,24
WinaeroTweaker	35,43
WinaeroTweaker のインストール	35
WinaeroTweaker を日本語にする	41
Windows 11 Insider Preview 版	61
Windows Subsystem for Android	61
Windows Subsystem for Linux	75
Windows Update	8
Windows ターミナル	64
Windows の機能の有効化または無効化	66
Windows ハイパーバイザープラットフォーム	66
Windows ロゴ	56
Windows10 に復元する	58
Windows10 のサポート終了日	14
Windows11 InsiderPreview	69
Windows11 インストールアシスタント	51
Windows11 のインストールメディアを作成する	51
Windows11InstallationAssist.exe	51
Windows11 のダウングレード	56
Windows11 をダウンロードしてインストールする	51
WindowsUpdate	55
WSA	61

《X》

X-box	27
Xbox Game Pass for PC	27

《Y》

YalpStore	74

《Z》

ZIP に圧縮	97

五十音順

《あ》

あ 明るさ自動調整 ………………………… 124
アップグレード ………………………… 49
アプリ ……………………………………… 108
アプリのショートカット ……………… 101,110
アプリの一覧 ……………………………… 12
アプリパッケージ ………………………… 62
アプリパッケージのダウンロード ……… 62
暗号キー …………………………………… 15
暗号化 ……………………………………… 15
い インストールアシスタント ……………… 9
インストールメディア …………………… 9
う ウィジェットの「追加 / 削除」 ………… 104
ウィジェットのカスタマイズ …………… 105
ウィジェット機能 ………………………… 102
ウィジェットを「非表示」にする ……… 106
え エクスプローラ …………………………… 99
エクスプローラ画面 ……………………… 10
エクスプローラ再起動 …………………… 48
エンターテインメント / スポーツ情報 … 104
お おすすめ …………………………………… 26

《か》

か 開発者モード …………………………… 70,86
回復 ……………………………………… 19,57
回復オプション …………………………… 57
仮想デスクトップ ………………………… 12
仮想デスクトップの管理 ………………… 12
仮想マシンプラットフォーム …………… 66
壁紙の設定 ………………………………… 100
画面の明るさを調整する ………………… 123
管理者権限 ………………………………… 64
き 起動時間 …………………………………… 24
基本アイコン ……………………………… 95
切り取り …………………………………… 30
禁止マーク ………………………………… 101
く クイック・アクセス ……………………… 109
クラシックタスクバー …………………… 43
クラシックフルコンテキストメニュー … 43
グループ化 ………………………………… 29
グループ化解除 …………………………… 31
け 警告音 ……………………………………… 25
検索機能 …………………………………… 96
こ 更新とセキュリティ ……………………… 19
更新プログラムを構成しています ……… 54
コピー ……………………………………… 30
コラボレーションツール ………………… 13
コントロールパネル …………………… 66,99

《さ》

さ 再起動 ……………………………………… 100
最新のニュース …………………………… 102
削除 ………………………………………… 30
し システムアイコンを有効にする ………… 44
システム要件 ……………………………… 7
システム要件のチェック方法 …………… 8
シャット・ダウン ………………………… 100
終了時間 …………………………………… 24
ショートカット …………………………… 108
ショートカットの作成 …………………… 109

《す》

す 数式入力パネル …………………………… 14
スクロール・バー ………………………… 25
スタートメニュー ……………… 25,94,99,108,109
スタート画面 ……………………………… 10
スナップ機能 ……………………………… 13
すべてのアプリ ………………… 26,101,111
せ セキュリティデバイス …………………… 17
設定 ……………………………………… 5,99
そ その他のオプションを表示 …………… 31,65

《た》

た タイムライン …………………………… 12,14
ダウングレード …………………………… 55
タスクバー …………… 11,29,92,108,118
タスクバーサイズ ………………………… 43
タスクバーの「ピン留め」を外す ……… 122
タスクバーの「位置変更」 ……………… 120
タスクバーの場所 ………………………… 44
タスクバーの設定 ………………………… 106
タスクバーを「左寄せ」にする ………… 119
タスクバーを自動的に隠したい ………… 120
タスクバー右側のエリア ………………… 121
タスクビュー …………………………… 12,29
タスクマネージャー ……………………… 99
つ 通知領域 …………………………………… 56
て 天気予報 ………………………………… 102,105
ディスプレイ ……………………………… 123
ディスプレイ設定 ………………………… 123
と 動作要件 …………………………………… 7

《な》

な 名前の変更 ………………………………… 30
名前順のアプリ一覧 ……………………… 26
に ニュースと関心事項 ……………………… 102

《は》

は 廃止された機能 …………………………… 14
パスのコピー …………………………… 65,97
バックグラウンドアプリの無効化 ……… 44
ひ ピン留め済み ……………………………… 26
ふ ファイル …………………………………… 108
ファイル・パス …………………………… 65
フォルダ …………………………………… 108
フォルダ・メニュー …………………… 97,100
フォルダ表示 ……………………………… 96
プロダクト ID ……………………………… 62
プロパティ ………………………………… 97

《ま》

ま マイクロソフト・アカウント …………… 50
み 右クリックメニュー …………………… 30,46

《ら》

ら ライブタイル ……………………………… 14
り リボンの有効化 …………………………… 44
リボン表示 ………………………………… 96
ろ ローカル・アカウント …………………… 50

■筆者 & 記事データ

筆者	ぱるむ
サイト名	「4thsight.xyz」
URL	https://4thsight.xyz/

筆者	これだけ知っておけばOK! 運営者
サイト名	「これだけ知っておけばOK!」
URL	https://www.broadcreation.com/blog/

筆者	針生 棘生(はりう・とげお)
サイト名	「とげおネットIT サポートblog」
URL	https://togeonet.co.jp/topics/blog

筆者	SMART ASW 運営者
サイト名	「SMART ASW」
URL	https://smartasw.com/

筆者	当真 毅(とうま・つよし)
サイト名	「Windows 情報とトラブル解決」
URL	https://webs-studio.jp/

質問に関して

本書の内容に関するご質問は、

① 返信用の切手を同封した手紙
② 往復はがき
③ FAX(03)5269-6031
 (ご自宅の FAX 番号を明記してください)
④ E-mail　editors@kohgakusha.co.jp

のいずれかで、工学社編集部あてにお願いします。
なお、電話によるお問い合わせはご遠慮ください。

サポートページは下記にあります。

［工学社サイト］
http://www.kohgakusha.co.jp/

I/O BOOKS
Windows11 アップグレードガイド

2021 年 12 月 25 日　初版発行　ⓒ 2021

※定価はカバーに表示してあります。

編　集	I/O 編集部
発行人	星　正明
発行所	株式会社工学社

〒160-0004 東京都新宿区四谷 4-28-20 2F

電話	(03)5269-2041(代) ［営業］
	(03)5269-6041(代) ［編集］
振替口座	00150-6-22510

［印刷］ シナノ印刷 (株)

ISBN978-4-7775-2173-9